L'ESPAGNE.

SOUVENIRS

DE **1823** ET DE **1833**.

DE L'IMPRIMERIE DE CRAPELET,

RUE DE VAUGIRARD, N° 9.

L'ESPAGNE.

SOUVENIRS

DE **1823** ET DE **1833**.

PAR M. ADOLPHE DE BOURGOING.

> *Nos que valemos tanto como vos, os hace-*
> *mos nuestro rey y señor con tal que guardeis*
> *nuestros fueros y libertades ;* SINO, NO..
>
> Nous qui valons autant que vous, nous vous
> proclamons notre roi et seigneur, à condition
> que vous conserverez nos priviléges et nos
> libertés; SINON, NON.
>
> (*Proclamation des Aragonais.*)

PARIS.

P. DUFART, LIBRAIRE, | DELAUNAY, LIBRAIRE,
RUE DU BAC, N° 93. | AU PALAIS-ROYAL.

1834.

DE L'IMPRIMERIE DE CRAPELET,

RUE DE VAUGIRARD, N° 9.

L'ESPAGNE.

SOUVENIRS

DE **1823** ET DE **1833**.

PAR M. ADOLPHE DE BOURGOING.

Nos que valemos tanto como vos, os hace-mos nuestro rey y señor con tal que guardeis nuestros fueros y libertades ; SINO, NO.

Nous qui valons autant que vous, nous vous proclamons notre roi et seigneur, à condition que vous conserverez nos priviléges et nos libertés ; SINON, NON.

(*Proclamation des Aragonais.*)

PARIS.

P. DUFART, LIBRAIRE,   DELAUNAY, LIBRAIRE,

RUE DU BAC, Nº 93.   AU PALAIS-ROYAL.

1834.

L'ESPAGNE.

SOUVENIRS

DE **1823** ET DE **1833.**

CHAPITRE PREMIER.

L'Espagne.

C'EST un beau, c'est un riche pays que l'Espagne! c'est un pays favorisé de la nature! A
voir ses rivages bordés par l'Océan et la Méditerranée, ses ports nombreux, si vastes, si sûrs,
on doit penser que ses vaisseaux devraient dominer sur les mers comme ses soldats ont dominé

sur la terre. Le savant, l'artiste, l'observateur, qui voudront considérer l'intérieur de ses provinces séparées par des chaînes de montagnes si brusquement tranchées et si rudes à gravir, ses plaines si fertiles ou si nues, ses fleuves si rapides qui bondissent dans leur lit sur des éclats de rocher lisses et polis par les eaux, puiseront des impressions profondes, se prépareront des souvenirs utiles à leurs travaux.

L'Espagne, avec ses forêts de sapins si sombres; ses bois d'oliviers d'un vert glauque si mélancolique; ses palmiers qui se dressent, si pittoresques, dans les plaines de Valence et de Grenade; ses routes blanches et poudreuses qui se perdent dans les plaines unies, sans arbres, sans verdure, de la Castille ou de la Manche, ou qui serpentent dans le fond d'une vallée sombre et fraîche, le long d'un torrent, comme dans la Navarre et l'Alava; l'Espagne, avec toutes ses villes et leurs rues si étroites qu'elles ne laissent point pénétrer le soleil; avec leurs murailles dorées, crénelées, comme du temps des Maures;

ses antiques mosquées si hardies, si sveltes ; ses cathédrales si belles et si imposantes ; ses ruines qui marquent encore le passage d'Annibal ; oh ! l'Espagne ! c'est un beau, c'est un curieux pays !

Mais lorsqu'on sent un soleil ardent qui brûle et qui calcine, et un froid piquant qui saisit, rigoureux et inattendu, on devine que la nature n'a dû placer en Espagne qu'un peuple robuste et courageux, dur à la fatigue, d'une âme fortement trempée.

Et c'est vrai !

Le peuple espagnol est un beau, un vaillant, un noble peuple. Prenez-le dans tous les âges de sa vie, vous le trouverez toujours le même, animé de patriotisme, et dominé par des idées grandes et sublimes. La religion et la liberté, voilà les puissans mobiles qui l'ont toujours guidé, conduit. Suivez-le avec Pélage ou le Cid chassant les Maures, avec Gonzalve le grand capitaine en Italie, ou bien encore avec Cortez et Pizarre en Amérique, avec Mina et Palafox, et tant d'autres héros combattant les phalanges de Napoléon ; c'est toujours le même peuple, fier et ferme, sérieux et vaillant, sobre et patient. De nos jours, Saragosse répond à Sagonte.

Et ce beau royaume a des provinces dont les mœurs, les usages, les coutumes, sont tranchés comme s'ils faisaient partie d'une nation éloignée et sans rapports. Les Biscayens et les peuples d'Alava sont toujours les belliqueux et indomptables Cantabres ; les Catalans sont mobiles dans leurs affections, vifs et enjoués, autant que les Castillans sont graves, froids et positifs : et les Andaloux, gais et chantans, alertes et braves, qui conservent le souvenir du mal comme celui du bien, haineux et vindicatifs comme ils sont reconnaissans ; et les Asturiens, dont rien ne change la résolution lorsqu'une fois elle est arrêtée ; tous ont des mœurs variées comme leurs costumes, des costumes variés comme la température de leurs provinces.

J'ignore si, d'après les désirs de quelques novateurs, il serait avantageux de voir tous les royaumes gouvernés par une même charte, régis par une même loi; mais, comme voyageur, je regretterais, je l'avoue, qu'après avoir porté déjà une atteinte si grave aux constitutions antiques des nations, cette uniformité s'étendît encore sur les usages et les costumes des peuples qui composent la grande famille européenne. Où serait le charme d'un voyage? où serait le stimulant de la curiosité, si, à trois cents lieues de ses foyers, on retrouvait une nature uniforme, s'il existait partout la même teinte dans le ciel, la même végétation, la même forme de maisons, si le même langage et les mêmes mœurs se retrouvaient encore? Mais l'Espagne, à chaque limite de province, offre des contrastes variés comme les pages d'un album élégant.

Vous quittez les routes larges de France, les longues avenues qui aboutissent à ces routes; la Bidassoa passée, vous trouvez des chemins étroits, un costume étranger, des maisons à arcades; plus de châteaux ni de maisons de campagne, des églises richement ornées, des convois de mulets marchant à pas égaux et cadencés au son monotone d'une énorme cloche portée par le dernier animal du convoi; des voitures à deux bœufs, petites, avec des roues pleines, criardes; vous respirez un air balsamique saturé de parfums bienfaisans; vous voyez une nature toute différente, un peuple tout autre. Voilà l'intérêt qui commence pour le voyageur qui veut voir, observer, raconter; tout diffère de la France. L'Espagne a des beautés inconnues à notre pays, comme elle a aussi un genre de tristesse plus mélancolique que tout ce que nous pouvons voir en France.

Je n'ai point la prétention de raconter l'histoire du peuple espagnol, ni de sa révolution; ce n'est point non plus une étude approfondie de ses mœurs, ni l'histoire de la campagne de 1823; c'est une esquisse consciencieusement tracée de quelques souvenirs de l'armée qui franchit les Pyrénées, et de quelques tableaux pris sur les lieux.

Le baron de Bourgoing, dernier ministre du roi Louis XVI à la cour de Madrid, a écrit en

1788 un ouvrage remarquable, le premier qui ait fait connaître l'Espagne ; à Madrid, le *Tableau de l'Espagne moderne* se nomme le guide des Espagnols, tant l'ouvrage de cet homme de bien, qui a laissé un nom vénéré dans la diplomatie, est écrit avec conscience.

M. de Laborde est également l'auteur d'un ouvrage estimé sur l'Espagne.

Le général Foy a écrit l'histoire de la guerre de la Péninsule sous Napoléon ; la mort est venue interrompre cet ouvrage inachevé ; le second volume, qui contient la situation de l'Espagne jusqu'à la révolution de France, est remarquable par la vérité des tableaux et la profondeur des vues du célèbre orateur.

Il y a un langage, un argot populaire, au moyen duquel on soulève les masses contre ce qu'il y a de plus saint et de plus sacré au monde ; rien n'était plus injuste que la guerre de Napoléon contre les Espagnols ; rien de plus légitime que la défense du pays contre l'invasion étrangère. Eh bien ! ces hommes courageux,

qui abandonnaient les professions les plus tran-
quilles de cultivateurs, d'étudians, pour faire
le rude métier de soldats, ces hommes que
l'histoire appelle héros, ils furent nommés d'a-
bord insurgés, puis flétris ensuite du nom de
brigands !

Mais l'auteur de la guerre de la Péninsule,
avec une âme élevée comme la sienne, ne parle
point le langage des masses ignorantes, ne pense
point comme un peuple aveuglé par la passion ;
il estime un ennemi courageux, et sait ce que
vaut un vrai patriotisme.

Si le général Foy eût vécu au moment de la
révolution de juillet, peut-être eût-il contenu
dans de justes bornes le mouvement populaire ;
peut-être aussi son beau talent parlementaire
se fût-il usé sur la meule révolutionnaire. Mieux
vaut pour sa mémoire une mort prématurée.
Un poète a dit :

> Ceux que favorise le ciel
> Terminent jeunes leur carrière.

CHAPITRE II.

—

L'Armée d'Espagne.

Louis XVIII avait dit dans le discours d'ouverture des Chambres de la session de 1823 : « Cent mille hommes, commandés par un fils « de France, vont franchir les Pyrénées »; et peu de temps après commença la campagne d'Espagne, qui était prévue depuis long-temps.

Cette guerre était utile. Louis XVIII ne pouvait laisser Ferdinand VII, son parent, son allié, prisonnier des Cortès : cette guerre était conséquente avec le principe de légitimité, en vertu duquel régnait la branche aînée des Bourbons.

C'était une détermination hardie, que de faire marcher du même pas sous le canon, tous ces hommes d'opinions diverses qui composaient l'armée de la restauration, et de rassembler cent mille hommes sous le drapeau blanc, pour les faire combattre contre le drapeau tricolore qui flottait de l'autre côté des Pyrénées, enseigne déployée par les constitutionnels pour tenter la fidélité de l'armée française, qui comptait dans ses rangs et les vétérans de la république et ceux de l'empire, quelques soldats de la Vendée, et ces jeunes gens qui, nés trop tard pour partager la gloire des guerres de Napoléon, ne servaient que depuis neuf années.

Chez les uns se trouvaient la prudence et l'expérience nécessaires pour commander dans des grades supérieurs, chez les autres l'audace et l'énergie de la jeunesse, sans lesquelles on ne fait rien de hardi à la guerre. Avec quelque opinion que l'on envisage cette expédition, toujours est-il vrai que l'embarras du roi fut grand pour choisir parmi toutes les célébrités militaires, les généraux qui désiraient faire partie de cette armée, car les demandes arrivaient de toutes parts. Les officiers en activité de service, comme ceux qui étaient en demi-solde, sollicitaient avec instance l'honneur de faire cette campagne. On vit aussi une foule de ces jeunes gens de Paris, nés d'illustres maisons ou de riches familles, tourbillonnant dans les salons de la capitale, user de toutes leurs protections pour trouver des places dans les rangs de l'armée. Les demandes comme simples volontaires ne furent point accueillies : les plus heureux virent leurs désirs satisfaits ; beaucoup ne purent réussir, et c'était le plus grand nombre.

Les vétérans étaient jaloux de montrer aux jeunes gens que huit années de paix ne les avaient point rouillés dans le métier des armes. Les jeunes voulaient prouver aux anciens qu'ils étaient dignes des grades que leur avait facilement accordés la restauration, qui avait besoin de s'entourer d'hommes jeunes et dévoués.

La politique et les opinions n'étaient pour rien dans l'ardeur des jeunes qui allaient combattre pour remettre un Bourbon sur le trône. L'expérience a montré que la politique est indifférente aux masses armées lorsqu'elles sont en pays étranger. La guerre! peu importe pour qui, peu importe quelles institutions elle doit relever ou détruire. La guerre! voilà le but auquel aspire tout homme revêtu de l'uniforme. En campagne, disparaissent les ennuis de la garnison, auxquels va succéder la vie agitée mais plus libre des camps. Une première campagne pour un jeune homme, c'est l'avenir brillant, ce sont des rêves de gloire, des souvenirs pour le vieil âge, un pays nouveau à explorer, un baptême de feu qui vous met l'égal des anciens; c'est la croix, qui, large, brille éclatante, noyée dans un ruban rouge sur une jeune poitrine! Pour le vétéran, c'est souvent la dernière marche à franchir pour arriver au banc du repos, pour s'asseoir sous le dôme doré, et, tranquille et calme, parler de guerre jusqu'au dernier battement de son cœur. Dans une campagne s'effacent les nuances d'opinion et s'interrompent les discussions politiques. Chacun pense à soi, aux hommes qui lui sont confiés; l'esprit est tendu, la tête montée, le corps est fatigué; et devant le feu du bivouac, le récit des événemens de la journée, les conjectures sur la marche du lendemain, l'éloge ou le blâme de telle opération, le besoin de repos, se perdent les petites haines et les animosités trop fréquentes dans la vie oisive des militaires en temps de paix.

La campagne qui s'ouvrait présentait des hasards à courir, des dangers à braver; c'était donc plus que suffisant pour que chacun tentât de faire cette guerre. Les anciens de l'armée, ceux qui avaient combattu dans la Péninsule sous l'empire, l'imagination pleine encore des désastres de cette guerre d'extermination, blâmaient l'entrée en Espagne, et disaient hautement que l'on ne savait point ce que c'était qu'une guerre contre les Espagnols. Les autres, avec l'insousiance de la jeunesse, ne soupiraient qu'après le moment où l'on passerait la frontière, et craignaient que quelque combinaison diplomatique ne s'opposât à la guerre. S'il faut le dire, la défiance était chez les vieux, l'ardeur du côté des jeunes.

Beaucoup de bruits sinistres s'élevaient de plusieurs bouches, avant l'entrée des Français en Espagne. L'armée, disaient quelques uns, était trop peu nombreuse pour résister à toute la population, qui devait se lever en masse contre ceux qui tenteraient de renverser la constitution; c'était envoyer à une mort certaine les cent mille hommes qui voulaient ramener Ferdinand à Madrid. Ces bruits décourageans étaient semés par ceux qui ne voulaient pas que Louis XVIII portât secours à Ferdinand. Plus tard, lors de l'expédition d'Alger, on vit recommencer la même tactique. Mais dès l'ouverture de la campagne on sentit combien étaient exagérées les craintes sur les résultats de cette guerre : dans le nord, depuis Irun jusqu'à la Junquiera, les populations montrèrent un grand enthousiasme à la vue des troupes françaises.

Moins de neuf mois suffirent pour occuper l'Espagne entière avec nos divisions, victorieuses toujours où elles trouvèrent de la résistance. L'armée eut des marches rapides à faire, des fatigues à éprouver, soit lorsqu'elle traversait les sierras glacées de Penamarcla dans les Asturies, où plusieurs soldats curent les mains et les pieds gelés, soit lorsqu'elle haletait sous le ciel embrasé de l'Andalousie : partout elle fut admirable par sa discipline. La sollicitude de l'autorité supérieure pour les besoins du soldat fut constante ; les distributions de vivres se firent comme dans la vie réglée de la garnison. Aussi pas une seule plainte n'eut lieu, et les Espagnols étaient dans l'admiration de la belle tenue et de la discipline de l'armée. Les soldats furent ce qu'ils sont et seront toujours sous tous les drapeaux, braves sans fanfaronnade, gais dans la fatigue, humains et généreux après la victoire.

Les troupes constitutionnelles ne firent presque nulle part de résistance sérieuse : aussi il n'y eut guère que des combats, point de batailles rangées ; le découragement s'empara d'elles, lorsqu'elles virent qu'elles n'étaient point soutenues par les populations, et les chefs eux-mêmes, craignant dès le commencement le résultat de la campagne, voulurent se mettre dans la position de pouvoir traiter avec quelque avantage en cas de défaite. C'est ce que l'on serait tenté de croire ; car, en Catalogne, le général Mina, après quelques marches et contre-marches, quelques combats d'avant-poste, rentra dans Barcelonne, où il resta enfermé, laissant à ses lieutenans le soin de tenir la campagne. L'intention de ce général était de fatiguer les troupes qui le poursuivaient, car, harcelé sans cesse, jamais il ne hasarda une bataille, bien qu'il eût des troupes plus nombreuses que toutes celles du quatrième corps, qui comptait au plus dix-huit mille hommes, et qui était obligé de bloquer toutes les places fortes dont la Catalogne est hérissée.

CHAPITRE III.

L'entrée en Campagne.

Le 6 avril, toutes les troupes réunies sous les murs de Bayonne ou dans les cantonnemens aux environs de cette ville, firent un mouvement pour se rapprocher de l'extrême frontière. La veille, quelques soldats s'étaient déjà jetés en Espagne à la poursuite des émigrés, qui étaient venus planter le drapeau tricolore en face de cette armée, dont ils tentaient en vain d'ébranler la fidélité. Des injures grossières furent proférées contre les Bourbons, et un coup de canon à mitraille, qui mit hors de combat treize d'entre eux, dispersa cette troupe ; elle ne reparut plus devant le corps d'armée qui marcha sur Madrid.

Nous eûmes plusieurs fois à combattre des bataillons composés de réfugiés de toutes les nations, Français, Piémontais, Napolitains, revêtus de l'uniforme de la garde impériale, ayant sur leurs schakos l'aigle surmonté de la cocarde tricolore ; les débris de ces bataillons tentèrent de se faire tuer en héros désespérés au combat de Llers en Catalogne, mais nous les combattions en les plaignant : on ne vit point nos soldats insulter au malheur de leurs compatriotes. Tous, nous éprouvâmes un serrement de cœur inexprimable, en entendant les gémissemens occasionnés par de cruelles blessures, s'exhaler de ces poitrines françaises ; et ce fut un grand soulagement, lorsque l'on apprit que le plus grand nombre de ceux qui portaient les armes contre nous n'étaient point nés en France.

Un régiment espagnol, l'Impérial Alexandre, avait paru sur les hauteurs qui dominent la Bidassoa ; il fit un mouvement rétrograde à l'approche de quelques voltigeurs.

Dans la nuit du 6 au 7, qui fut froide et pluvieuse, on jeta un pont de bateaux sur cette petite rivière qui sépare les deux royaumes. Les feux du bivouac, parfois éteints par la pluie, d'autres fois rallumés par un vent violent, laissaient dans une obscurité profonde ou dessinaient subitement la position des régimens échelonnés à droite et à gauche de la route qui descend large et droite vers le village de Béhobie, dont les dernières maisons touchent à la Bidassoa.

A trois heures du matin, la diane bat de toutes parts, l'infanterie prend ses armes humides de la pluie de la nuit ; le réveil sonne, et avec lui de joyeuses fanfares retentissent au loin, éclatantes, répétées par les échos des montagnes.

La cavalerie est à cheval, les voltigeurs s'élancent sur le pont ; quelques compagnies passent dans des barques ; un régiment de hussards traverse le fleuve à la nage ; les régimens de la Garde descendent et se massent sur la colline à gauche qui domine la Bidassoa. Le soleil commençait à paraître, et réfléchissait ses premiers rayons rougeâtres dans les plaques de cuivre des bonnets d'ours de ces vieux soldats, dont plusieurs abordaient pour la troisième fois la terre d'Espagne. Avec nos divisions, marchaient ces généraux dont les noms redits dans les bulletins de l'empire annonçaient des succès à nos armes ; la confiance sans bornes que leur témoignait le Prince généralissime était un bel éloge pour la loyauté de tous.

Placés sur une pile détruite de l'ancien pont, pour voir passer les premiers régimens, entourés et demi-voilés par les vapeurs humides de la rivière et de l'aube naissante, ces chefs ressemblaient aux guerriers d'Ossian. Le passé, rempli de souvenirs pour eux, présageait que l'avenir ne serait point sans gloire : et puis une armée de cent mille hommes, commandée par un Bourbon, le drapeau blanc flottant en Espagne pour secourir le captif royal, petit-fils de Louis XIV; une guerre désintéressée, loyale; c'était noble, c'était grand !

Au bout de quelques jours, les différens corps d'armée étaient entrés par plusieurs points en Espagne, et s'étendaient sur la Péninsule comme un lac qui se divise en mille ruisseaux.

Il n'entre point dans le cadre de cet ouvrage de faire l'histoire de la campagne de 1823. Des plumes plus habiles pourront parler des opérations militaires, de l'utilité de cette guerre, des avantages que l'on a pu en retirer. Ici, c'est une promenade dont on a essayé de tracer le souvenir, en s'arrêtant aux étapes qui ont semblé présenter le plus d'intérêt. Un séjour de trois années dans la Péninsule a mis à même de faire quelques observations sur ce pays, que peu de monde connaît et contre lequel existent des préjugés, enracinés à tel point que les détracteurs du peuple espagnol, de ses usages, de ses mœurs, ne se donnent même pas la peine d'approfondir la fausseté de leurs opinions. On peut attribuer ce système de dénigrement pour tout ce qui a rapport à l'Espagne, aux principes de ce peuple essentiellement monarchique. Sa foi politique et religieuse a irrité la philosophie moderne, qui en a fait le but de ses traits les plus envenimés.

CHAPITRE IV.

𝕷𝖊 𝕮𝖑𝖊𝖗𝖌𝖊́.

En général les populations du littoral étaient moins bien disposées pour la cause de Ferdinand que celles des provinces de l'intérieur : mais un fait certain, c'est que le peuple est pour le gouvernement monarchique et religieux ; c'est que les populations entières nous accueillaient aux cris de : *Viva el rey absoluto !* Si les masses nous avaient été contraires, cent mille hommes n'eussent point suffi pour occuper l'Espagne.

L'influence du clergé est immense sur le peuple , et la cause de Ferdinand étant celle de la religion , c'était la cause populaire que défendait l'armée française.

Comment parler du clergé dans le siècle où nous vivons , et comment prendre la défense du clergé espagnol sans passer pour un fanatique , pour un homme ennemi du progrès des lumières ?

Il y a tant de gens qui ajoutent foi à la calomnie ; il est si commode de ne rien approfondir , d'avoir d'avance une opinion toute faite ; on est si sûr du succès quand on fait de lourdes plaisanteries sur l'hypocrisie et l'inutilité des prêtres et sur l'embonpoint des moines ! Malgré les préventions existantes , il est facile de prouver peut-être , que les prêtres seuls ont et doivent avoir de l'influence en Espagne , et que cette influence ils la méritent.

Le peuple de tous les pays est ingrat et mobile dans ses affections. On peut pendant quelque temps capter son suffrage , être porté par lui en triomphe, être son idole, c'est chose possible; mais si le succès populaire est durable, s'il subsiste pendant des siècles, si le peuple s'identifie à un corps, à une institution, au point qu'il se regarde comme blessé dans ses affections, dans ses droits, dans ses intérêts, si ce corps, si cette institution est attaquée, s'il fait cause commune avec elle au point de tout sacrifier pour la conserver, on peut jurer alors, sans crainte d'être démenti, qu'il y a quelque chose de puissant dans ce dévouement du peuple, de cet être si changeant, et que ce dévouement est mérité.

Je considérerais l'Espagne sous deux points de vue : l'Espagne poétique, l'Espagne d'artiste, belle par ses sites pittoresques, ses torrens, son beau ciel, ses chaînes de montanges, ses costumes piquans, la belle physionomie de ses habitans. Poètes et artistes, prenez votre lyre et vos pinceaux, chantez Grenade et l'Alhambra, dessinez ici une mer qui se brise écumante contre des rochers dominés par l'arc des

Scipions ; là un Grenadin enveloppé dans son manteau, soupirant les airs de la molle Andalousie sous les fenêtres d'une monja, d'une monja belle et victime de la barbarie d'un tuteur jaloux. Oh! chantez et peignez cette Espagne, et vos strophes et vos tableaux seront recherchés et admirés. Mais pénétrons dans d'autres provinces, et voyons l'Espagne positive, dépouillée de cette poétique dont je vous parlais tout à l'heure, et qui m'enthousiasmait tant, moi jeune homme, amoureux de la patrie de Cortez et de Gonzalve.

Vous trouverez dans les deux Castilles et la Navarre, dans les Asturies et la principauté de Léon, dans la Galice et la Manche, des plaines entrecoupées de chaînes de montagnes pelées et sans végétation, des torrens dévastateurs dans la saison des pluies ou après un orage, sans eau pendant dix mois de l'année, point de bois pour se chauffer et se garantir d'un froid aussi piquant et aussi rigoureux que les chaleurs d'été sont terribles et dévorantes, des vents desséchans et froids qui vous surprennent au milieu d'une journée embrasée. Où sont donc les douceurs de la vie dans la Péninsule? Elles se trouvent seulement dans les provinces baignées par la Méditerranée et l'Océan. Aussi vous ne voyez aucun château, aucune maison de campagne dans ces plaines stériles, dans ces montagnes incultes.

Quel homme riche voudrait aller troquer le bien-être des villes contre les privations de ces tristes campagnes?

Les prêtres seuls ont affronté les ennuis d'un séjour constant dans ces lieux ingrats. Ils y ont vécu; ils s'y sont succédé; ils ont eu soin du peuple, qui a vu en eux ses protecteurs naturels. Les prêtres ont répandu chez lui l'instruction; car c'est encore en France une erreur de croire que rien n'est plus ignorant que le peuple espagnol.

Il n'est pas un hameau où le curé ne se charge de l'éducation de quelques enfans, et ne leur donne une instruction solide et utile. Aussi, il n'est point d'alcade qui ne sache lire et écrire,

et, sous ce rapport, l'instruction est plus étendue parmi cette classe de magistrats qu'elle ne
l'est en général parmi les maires de campagne en
France.

Loin d'être intolérant, le clergé espagnol se
mêle aux plaisirs et aux divertissemens du peuple. Dans les provinces du nord, on voit le dimanche descendre des montagnes, des jeunes
gens des deux sexes chantant leurs chansons
nationales, en agitant les sonnettes de leurs tambours de basque. Ils viennent danser sur la
place de l'église dans l'intervalle de la messe aux
vêpres. Les prêtres se promènent au milieu de
cette foule dansante, et leur présence ne gêne
en rien les plaisirs de ce peuple, qui, habitué
à vivre avec les ministres de la religion, voit
en eux des amis et non des juges sévères.

Comment, après une telle conduite, le clergé
n'aurait-il pas un immense ascendant sur le peuple espagnol?

Il n'y a point d'aristocratie en Espagne. Il y
a des grands d'Espagne, mais qui, vivant à la

cour ou dans les grandes villes, ne peuvent et ne doivent avoir aucune influence sur les classes inférieures. Philippe II fit des grands d'Espagne ce que Louis XIV fit de la noblesse française : il les attira et les parqua à sa cour pour diminuer leur puissance et se mettre à l'abri de leurs entreprises. Le seul moyen de constituer une aristocratie prépondérante est de la contraindre à vivre avec les classes inférieures des campagnes! Il faut exister au milieu du peuple, connaître ses besoins, le soulager, le secourir; voilà ce que fait depuis des siècles le clergé espagnol.

Que, si on l'accuse de quelques abus, nous répondrons qu'à côté des meilleures institutions, l'homme paie son tribut à l'humanité en se laissant aller à trop de force ou à trop de faiblesse; mais aussi ne s'est-il point absous, ce clergé espagnol si calomnié, dans toutes les circonstances graves où il s'est agi de l'indépendance de la patrie. La guerre de Napoléon était injuste. Le sentiment d'indépendance nationale exalta tous les cœurs espagnols. Qui a com-

mencé la légitime insurrection? qui a réchauffé
et entretenu le patriotisme dans tous les esprits?
qui plus qu'aucune classe de l'état a payé de ses
trésors, de ses lumières, de son sang? Le clergé!
Partout on a vu les archevêques et le haut clergé
parler au nom de la patrie, de la liberté; car la
religion est ennemie de l'esclavage, et la religion
c'est la liberté.

Si l'on admet les immenses services rendus
par le clergé espagnol, niera-t-on que son influence ne soit justement acquise?

Il faut aux nations des institutions fortes. Les
peuples ne font de grandes choses que lorsqu'ils
se sentent animés de cette fièvre ardente qui
transforme les hommes en héros, et rend les
peuples invincibles. Le clergé espagnol a excité
au dernier degré l'élan de la nation, qui a déployé, inspirée par lui, une constance héroïque
en combattant pour l'indépendance du pays. Le
clergé s'est fait peuple; il est national, et son
influence sur les masses il la conservera long-
temps.

CHAPITRE V.

Administration provinciale.

La première petite ville que l'on rencontre en entrant en Espagne, est Irun. Deux choses doivent frapper celui qui sait voir, dès les premiers pas que l'on fait dans la Péninsule, et cette observation est générale pour la plus grande partie de ses provinces : c'est l'indépendance et la sagesse des administrations provinciales.

Il n'existe point un village qui n'ait une belle église, une vaste place, une belle fontaine publique, et presque toujours un hôtel-de-ville qui serait remarqué dans la plupart de nos villes de France de troisième ordre. Toutes les villes et hameaux de la Biscaye ont, en outre, un emplacement destiné à servir de jeu de paume aux habitans de cette province, qui se livrent avec passion à ce divertissement. Dans aucun pays, il n'existe une administration plus éclairée, plus indépendante, plus paternelle et plus soigneuse des intérêts qui lui sont confiés.

A mesure que les conquêtes, les acquisitions, les héritages, les traités, les alliances, eurent réuni des provinces ou des royaumes au domaine primitif, chacune de ces provinces a gardé ses droits et ses franchises ; le niveau n'a pas encore passé, pour courber ces peuples de mœurs et d'origines différentes, pour les façonner à une honteuse centralisation. On peut dire que le roi d'Espagne, regardé, par le plus grand nombre, comme roi absolu, est plutôt le protecteur que le maître des différentes parties de son royaume. Ce souverain absolu n'oserait point toucher à certaines prérogatives ; il se trouve plus géné pour lever des impôts, et pour créer de nouvelles charges à son peuple, que ces rois de l'Europe qui, par le mécanisme trompeur d'un gouvernement représentatif, écrasent leurs nations sous des budgets onéreux.

De cette indépendance des provinces, de cette force et de cette confiance en elles-mêmes, il a surgi des résultats inespérés, impossibles à réaliser dans un pays organisé comme la France. En Espagne, la capitale n'est que la première ville du royaume, le centre des administrations, mais non point la ville despote qui plie tout sous son joug au gré de son caprice; les provinces ne sont point engagées, par une basse habitude, à une obéissance passive : aussi, dans la guerre de l'indépendance, Madrid pris, n'a été qu'une grande ville entre les mains du conquérant. Il n'a point suffi d'un ordre émané de la capitale du royaume pour que les provinces s'empressassent de courber la tête sous l'aigle impériale, et de saluer le vainqueur. Non, la noble nation espagnole se rallia à elle-même. Veuve de ses souverains, sans capitale, sans trésors, sans armée, elle voulut être libre, et Joseph fut roi des murs de Madrid et non des Castillans.

Ces résolutions héroïques qui sauvent les nations, les Espagnols les puisèrent d'abord dans leur fierté originelle qui a horreur du joug de l'étranger, puis dans l'indépendance de leur organisation provinciale et dans la puissance de leurs municipalités. Des courriers furent envoyés dans toutes les provinces; le clergé prêcha une légitime, une sainte insurrection contre le tyran. Il fut écouté : il revêtait la liberté des couleurs de la religion; lui peuple, il parlait au peuple. La guerre s'organisa terrible, le peuple espagnol redevint libre; et ce que ne purent faire les armées organisées des souverains du Nord, les bandes populaires de l'Espagne, les guérillas, ne le tentèrent point en vain : elles empêchèrent l'établissement d'une nouvelle dynastie sur cette terre éminemment monarchique, et dévouée à ses souverains légitimes.

CHAPITRE VI.

***

Étapes.

Irun, situé à peu de distance de la mer, à une lieue de Fontarabie, est bâti, comme toutes les villes de la Biscaye, dans une heureuse position : là commencent les mœurs et les costumes espagnols. Les manteaux bruns et les cigarres, les longues tresses des femmes et les mantilles noires, un langage qui n'est point encore cette langue castillane noble et harmonieuse, mais le ton criard des habitans du Guipuzcoa. Des hommes à cheval, portant en travers de leurs montures de longues carabines, des convois de mulets, animent une route parfaitement tracée dans un pays hérissé de montagnes et coupé de torrens. Les routes royales d'Espagne sont monumentales, parfaitement entretenues, et bordées, pour la plupart, de dalles de granit pour les piétons. Elles sont constamment plus belles que nos routes de France, parce que d'abord, étant plus étroites, elles demandent moins d'entretien, et que, moins fréquentées, sous un climat où les pluies sont rares, elles sont moins sujettes à se dégrader. On reconnaît partout la bonne administration des communes, et leur sollicitude à veiller aux besoins des habitans et à préserver les voyageurs d'accidens. Il n'est point d'endroits sur ces routes, qui montent en serpentant sur des montagnes élevées, qui ne soient garnis de hautes bornes pour empêcher les voitures de culbuter dans les précipices, pour peu qu'il y ait apparence de danger.

La Biscaye est une des provinces les mieux cultivées et les plus industrieuses de l'Espagne. Ses habitans sont laborieux, agiles, lestes, et portent sur leur physionomie l'image de la santé et du bonheur, car presque tous ont de l'aisance. Les maisons sont de jolie apparence, blanchies tous les ans : ce serait à tort que l'on accuserait de malpropreté les habitans de ce pays.

La végétation est admirable dans les vallées ; les montagnes, plantées de châtaigniers, sont cultivées partout où la terre peut payer le travail de l'homme. De nombreux villages se dessinent sur les coteaux : on ne fait point un quart d'heure de marche sans rencontrer quelque hameau, et l'on passe par les villages d'Astigarraga, Ernani, Andoain, avant d'arriver à Tolosa, jolie petite ville, riche et commerçante, qui offre à la curiosité du voyageur des points de vue délicieux, de belles églises, et de jolies promenades le long de la rivière qui serpente dans une prairie étroite, dominée par des collines couronnées de forêts.

Les trois provinces qui composent le señorio de Biscaye, de Guipuzcoa, la Viscaya et l'Alava, ont des priviléges, des droits et des franchises, auxquels le gouvernement n'oserait point toucher. Elles défendent leur liberté avec énergie. Pour elles, le souverain se dépouille du titre de roi pour prendre celui de *señor*, et, tous les ans, les députés de toutes les communes des trois provinces se réunissent en assemblée générale pour discuter les intérêts publics.

A Tolosa aboutit la route de Navarre qui conduit à Pampelune. Rien n'est plus frais que cette jolie vallée, rien de plus joli que les villages qui meublent cette partie de la Biscaye. Bétélu, célèbre dans le pays par ses eaux minérales, attire beaucoup d'étrangers. Deux rochers nus, escarpés, élèvent perpendiculaires leurs crêtes cachées dans les nuages, asiles des aigles et des vautours, qui descendent en tournoyant dans l'abîme d'un torrent qui borde la route ; ces deux rochers, nommés les Deux-Sœurs, marquent la séparation du Guipuzcoa et du royaume de Navarre.

Là, cessent aussi les paysages verdoyans ; une plaine sèche et sans verdure forme un contraste frappant avec le pays boisé que vient de quitter le voyageur.

En reprenant à Tolosa la route de Madrid, on peut remarquer le luxe d'architecture que les Espagnols déploient dans les ponts nombreux jetés sur les rivières que traverse la route. Villafranca, Villareal, Bergara, Mondragon, méritent d'être remarqués, à cause de leur position et de leurs sites agréables. Les défilés de Salinas, dangereux, si, en temps de guerre, une colonne s'y engageait sans être éclairée et fortement soutenue, ont exercé le pinceau d'un peintre habile, qui, dans un combat sanglant, y figura comme acteur. Le général Lejeune a peint l'attaque d'un convoi dans la guerre de l'indépendance, et ce tableau attira tous les regards comme tout ce qui rappelle les hauts faits des armées de l'empire. On voit à droite et à gauche des défilés de Salinas, des maisons crénelées et autrefois entourées de palissades, qui servaient de refuge à quelques compagnies d'infanterie destinées à protéger ces terribles passages, faciles à défendre avec peu de monde contre une armée nombreuse.

On monte encore après avoir dépassé le bourg de Salinas ; puis les montagnes s'abaissent insensiblement, et l'on aperçoit la capitale de l'Alava, Vittoria, bâtie au milieu d'une plaine fertile et bien cultivée. Cette ville a quelques beaux monumens, entre autres une place régulière entourée d'arcades, sous lesquelles se réfugient les promeneurs dans le mauvais temps : cette place sert aussi aux combats de taureaux. Un jardin public que l'on nomme la Florida, parfaitement dessiné, orné de vases et de statues, est le rendez-vous de la bonne compagnie et des jolies femmes de Vittoria.

Courbons nos fronts en traversant ces plaines, où nos armes reçurent un échec terrible, dans cette sanglante bataille livrée par les Espagnols réunis aux Anglais. Les ossemens de nos soldats blanchissent dans les champs de Gamarra à côté de ceux de leurs ennemis, et sur les coteaux qui dominent la vallée à l'ouest, on trouve encore des armes rouillées, des boulets et des débris de fusils. Ce fut le dernier effort de l'armée française en Espagne : elle passa ensuite rapidement la frontière, et le midi de la France fut envahi.

A cinq lieues de Vittoria, l'Ebre partage Miranda, la première ville à l'entrée de la Castille, l'Ebre, fleuve célèbre, qui servait de limite à l'empire de Charlemagne ; mais à Miranda ce fleuve est encore peu large, car il est près de sa source, qui sort des montagnes des Asturies.

Dans la Biscaye les routes sont assez fréquentées, parce que cette province a une population nombreuse, que les villes et les villages sont rapprochés les uns des autres ; mais en entrant dans la Vieille-Castille, on trouve rarement quelques voitures de roulier : les transports se font à dos d'ânes et de mulets. Ces plaines nues, désertes d'habitations, sans arbres ailleurs qu'aux environs des villages, éloignés les uns des autres de

cinq et six lieues, impriment une tristesse indi-
cible. La Vieille-Castille, c'est l'Espagne dépour-
vue de toute séduction, comme le royaume de
Valence et l'Andalousie représentent l'Espagne
avec ses charmes, ses souvenirs brillans, toute
sa poésie.

Après Miranda, on s'enfonce dans les défilés
de Pancorbo, dont les rochers s'élèvent en pré-
sentant les formes les plus bizarres ; la route,
qui côtoie un petit torrent, s'ouvre passage
entre ces masses gigantesques, qui souvent ne
présentent point d'issue et vous enveloppent
sans que l'on puisse deviner la manière d'en
sortir. Ces défilés inexpugnables, où, comme
ceux des Thermopyles, trois cents hommes
suffiraient pour arrêter une armée, couvrent
merveilleusement, ainsi que ceux de Salinas
et de Somo-Sierra, la ville de Madrid, et
permettent d'en défendre au loin les appro-
ches.

A six lieues au-delà de Miranda, sur la droite
de la route, se présente Briviesca, entourée de

quelques vergers : là finissent les arbres, et l'œil du voyageur ne trouve plus pendant une route de sept lieues qui conduit à Burgos, à travers le pays le plus triste peut-être de l'Europe, d'autre végétation que celle des bruyères et des genêts qui croissent clair-semés et rabougris dans cette plaine monotone.

Burgos, capitale de la Vieille-Castille, jadis riche et commerçante, offre l'aspect de la décadence. De jolies promenades bordent l'Arlançon, sur lequel sont jetés trois ponts bâtis avec solidité, comme le sont tous les ouvrages des Espagnols. Une magnifique cathédrale, dans laquelle on admire une grande richesse d'ornemens et quelques tableaux de Michel-Ange, contraste avec les maisons qui tombent en ruines.

Llerma, sur l'Arlança, à gauche de la route, sur un mamelon, étale d'une manière pittoresque ses tours carrées, ses nombreuses arcades et ses murailles crénelées ; mais que l'on se garde de pénétrer dans l'intérieur de la ville : la saleté et la misère y présentent un tableau hideux.

Au milieu de la plaine la plus stérile du monde s'élève Aranda, partagée en deux par le Duero, qui coule jaune et vaseux entre des rochers incultes; Aranda, dont les murailles tombent démantelées, présente l'aspect de la pauvreté, comme ses pâles habitans présentent celui de la faiblesse. Cette ville eut une journée de triste célébrité, à une époque où brillait de l'éclat le plus vif la gloire castillane. Lorsque Charles-Quint débarqua à Villaviciosa pour venir s'asseoir sur le trône d'Espagne, le puissant génie qui avait fait proclamer à Madrid Charles, roi de Castille, qui étendit la prérogative royale, arrêta les entreprises des grands, et forma une armée indépendante des barons pour contre-balancer leur pouvoir, qui résista seul à la noblesse alarmée de ses entreprises, qui remplit les trésors du roi, et soutint deux guerres étrangères pendant une régence de vingt mois, le cardinal Ximenès, épuisé d'austérités et de travaux, mais dont l'âme avait conservé toute sa vigueur, se fit transporter à Aranda pour aller au-devant de son souverain. Mais les seigneurs flamands, venus avec Charles-Quint en Espagne, jaloux de ce grand homme, craignant son influence, dictèrent au jeune et ingrat monarque une froide lettre de remercîmens, dans laquelle le cardinal était invité à se retirer dans son diocèse de Tolède. Les expressions qui lui annonçaient que ses services étaient méconnus produisirent sur cette âme si fortement trempée, un plus funeste effet que les vicissitudes d'une vie politique si agitée. Ximenès expira de douleur, deux heures après la réception de cette lettre, monument d'ingratitude d'un roi qui lui devait la couronne, et le commencement d'une puissance qui a eu tant d'influence sur les destinées des deux mondes.

Puis, Somo-Sierra, misérable hameau composé de quarante maisons, situé sur le haut d'une montagne longue, roide, souvent couverte de neige et d'un abord difficile ; Somo-Sierra, célèbre par le combat livré sous les yeux de Napoléon, le 29 novembre 1808, aux Espagnols, qui défendirent avec intrépidité ce défilé fameux. Irrité de la capitulation de Baylen, Napoléon accourait d'Erfurt, où il avait reçu de l'empereur de Russie des assurances de paix, pour prendre, lui-même, le commandement de l'armée d'Espagne, renforcée du corps du maréchal Lefebvre, et donner une impulsion nouvelle aux opérations d'une guerre qui traînait en longueur, et qui s'annonçait sous de fâcheux auspices. Napoléon avait dit : « Murat et Godoï « m'ont trompé : la nation espagnole montre « une énergie à laquelle j'étais loin de m'at- « tendre. Si la lutte continue comme elle a « commencé, avec des prédications, des croix « et des bannières, les prêtres et les moines « feront marcher contre mon armée jusqu'au « dernier Espagnol. »

La route qui mène à Madrid est bordée à gauche par un ravin profond, au bas duquel roule un torrent rapide, et dominée des deux côtés par des montagnes pelées, arides, déchirées par de profondes crevasses. Les Espagnols avaient placé sur ces hauteurs une nombreuse artillerie et garni les défilés de tirailleurs rangés sur les rochers qui dominent la route. Leurs meilleures troupes, par un feu terrible, défendaient la chaussée enfilée par leur artillerie ; la position paraissait inexpugnable. Les premiers régimens du maréchal Victor s'avançaient sous le feu sans faire de progrès rapides, lorsque Napoléon donna l'ordre à l'escadron de lanciers polonais de service auprès de lui de charger la batterie ennemie. Cette cavalerie fut d'abord ramenée ; mais ralliée par ses chefs, suivie par le régiment entier, elle gravit la montagne, culbute l'ennemi, s'empare des canons et enlève en un instant la redoutable position. Cette charge de cavalerie, la plus brillante dont fassent mention les annales de gloire des troupes impériales, acquit pour jamais aux Polonais cette réputation qui survécut aux désastres de l'empire, et les naturalisa Français. Huit officiers furent tués ou blessés grièvement. A ce combat fut blessé le comte Philippe de Ségur, auteur de la campagne de Russie, qui, dans un style entraînant, a donné à ce drame l'intérêt d'un roman.

Buitrago, Lozoyuela, Cabanillas, San-Augustin, Alcobendas, sont les seuls points qui, semés dans ces plaines nues, sans verdure, desséchées par le soleil l'été, glaciales pendant l'hiver, attristent le voyageur par l'air misérable et sale de leurs habitans, dont les vêtemens déchirés laissent entrevoir des corps amaigris et débiles. On dirait que Madrid est un centre où aboutissent la misère et la pauvreté, et qu'à mesure que les rayons s'éloignent de la capitale dans les autres provinces, on retrouve activité, force, vigueur et richesse.

Mais voici Madrid, qui se présente bâti sur un plateau immense, point le plus élevé de l'Espagne, plaine aride, infertile, sans entours, sans un seul arbre, ni village, ni faubourg, qui annonce l'approche d'une grande ville; Madrid, que l'on surprend à l'improviste comme si l'on arrivait sur un corps d'armée qui, négligeant de

se garder, n'aurait autour de lui ni vedette, ni
avant - poste, ni grand'garde ; Madrid, placé
comme une tente, oasis au milieu d'un désert ;
Madrid qui dresse dans les airs les flèches de ses
nombreux clochers et arrondit les arcades de ses
couvens et les dômes de ses églises.

CHAPITRE VII.

***

Madrid.

Lors de l'arrivée à Madrid des troupes françaises, dans les premiers momens de désordre et d'inquiétude inséparables de l'occupation d'une grande ville par une armée étrangère, on laissa la plupart des officiers dans les quartiers occupés par les différentes troupes. Peu de temps après, lorsque le service fut régularisé, des billets de logement furent distribués, et chacun se faisait, avec joie ou chagrin, part de son bonheur ou de son désappointement, selon que le hasard lui avait donné des hôtes aimables ou ennuyeux.

Maurice de Trans était capitaine dans un de ces beaux régimens de cavalerie de la garde royale, modèles de discipline et de bravoure, aussi imposans par leur belle tenue qu'admirables par leur fidélité. C'était un de ces jeunes gens qui, nés d'illustres maisons, servaient pour l'honneur de servir le roi; prodigue de son sang, insouciant de sa vie, lorsqu'il s'agissait de prouver son amour à la France, car il confondait dans ses sentimens et le roi et la France. Jeune, riche, espoir d'une famille dont il était l'idole, Maurice était remarqué dans les salons de Paris par ses manières élégantes, son caractère aimable, son esprit orné, autant que dans sa caserne il était aimé de ses soldats, à cause de sa tournure martiale, de sa franchise, de sa connaissance du service militaire, de sa justice et de sa sévérité.

Lorsqu'il eut reçu son billet de logement, il se dirigea calle de Hortoleza, vers une maison de belle apparence, près de la porte de Fuen-carral, à peu de distance du quartier occupé par son régiment. Un domestique vint lui ouvrir la porte, et le mena dans un bel appartement qui lui était destiné.

Maurice était logé chez le marquis de Casa-mayor, député de la ville d'Alcala-la-Real en Andalousie, où il avait de grandes propriétés, à l'assemblée des Cortès. Il avait laissé la comtesse Blanca, sa fille, à sa sœur la comtesse de Salzedo au moment où Ferdinand était emmené à Cadix. La vie du marquis de Casamayor avait été orageuse. Irrité de la faveur insultante de Godoï, il gémissait des abus introduits dans le gouvernement, rêvait la régénération du peuple espagnol, avait cru la voir dans la nouvelle dynastie que Napoléon voulait élever sur le trône de la Péninsule ; et après le départ de Charles IV et de Ferdinand il avait été attaché à la cour de Joseph. Le marquis de Casamayor, au retour de Ferdinand, avait voulu laisser s'écouler quelque temps avant de revenir en Espagne, et il avait fixé son séjour à Florence, où il passa huit années occupé de l'éducation de sa chère Blanca, sur laquelle il avait concentré toutes ses affections.

Au moment de la révolution Casamayor fit partie de cette assemblée qui, à l'exemple d'une assemblée trop célèbre en France, voulait juger son roi.

L'arrivée d'un officier de la garde française dans cette maison jeta quelque trouble, et causa quelque embarras. Mais l'armée s'occupait peu de politique, et elle ne seconda aucun esprit de parti; elle combattit les constitutionnels, mais ne servit jamais les vengeances particulières. Loin de là, ce fut en quelque sorte une sauvegarde contre les passions exaspérées, d'avoir chez soi un officier français. L'armée resta toujours étrangère aux réactions qui purent avoir lieu après la contre-révolution.

Maurice, après avoir pris possession de son nouveau logement, demanda s'il pouvait se présenter devant les dames de la maison. Il fut introduit dans un de ces vastes appartemens comme on en voit dans les hôtels ou principales maisons de Madrid, élevés, larges, immenses, plus agréables à habiter l'été que dans la saison d'hiver, car toutes les précautions ont été prises contre la chaleur insupportable de ce climat, et aucune contre le froid plus insupportable encore. Au fond de l'appartement était une table ronde, sur laquelle se trouvaient des album de musique, de dessins et des livres italiens. La comtesse de Salzedo était assise sur un canapé, et à côté d'elle était Blanca.

Blanca, la plus belle des filles nées sous le ciel d'Andalousie, sous ce ciel brûlant qui imprime aux femmes de cette contrée un genre de beauté si poétique, qui colore d'une teinte brune des joues pâles sur lesquelles s'abaissent des cils noirs et recourbés qui voilent un regard si tendre lorsque leurs yeux réflètent quelque douce impression de leur cœur, et qui ajoutent tant de fierté à leur regard lorsque leur âme si vive est animée d'un sentiment d'amour ou de jalousie. La fille du marquis de Casamayor était remarquablement belle ; elle ressemblait à une de ces divines créations de Murillo, qui prenait, pour peindre les êtres angéliques dont il a peuplé le ciel, ses modèles dans la province qui avait donné le jour à Blanca.

Bien que Maurice eût assisté à toutes les fêtes brillantes de Paris, où est convié tout ce que la capitale offre de femmes jeunes et séduisantes ; bien qu'il eût vécu au milieu des cercles les plus distingués, néanmoins le caractère particulier de beauté de Blanca, son air de noblesse et de gravité, la dignité répandue sur toute sa personne lorsqu'elle se leva à son approche, produisit une impression qui le troubla ; et il eût été difficile de reconnaître à sa timidité le militaire français, embarrassé devant une femme, et l'homme de salon, qui trouva à peine quelques mots à balbutier pour exprimer à ses hôtesses le déplaisir qu'il éprouvait de leur causer l'ennui d'avoir à loger un officier étranger.

Un heureux incident vint à son aide. Maurice

voulut s'exprimer en espagnol ; mais il parlait assez mal cette langue, et, dès les premiers mots, confondant quelques expressions qui changeaient tout-à-fait le sens de ses phrases, il tenta de se reprendre, et s'embarrassa encore davantage. Blanca sourit, et lui répondit en français. Dès ce moment, Maurice était sur son terrain : n'étant plus obligé de tourner toujours dans le même cercle des phrases et des mots qu'il connaissait, il fut ce qu'il était, d'une politesse exquise, spirituel sans prétention, et sa première visite put laisser à la comtesse de Casamayor et à madame de Salzedo l'opinion que loin d'avoir un hôte incommode, le hasard les avait servies à merveille, en leur envoyant un officier aussi distingué par ses manières que par l'élévation de ses sentimens.

Maurice, de retour auprès de ses camarades, fut interrogé avec empressement sur son billet de logement ; mais il s'exprima avec beaucoup de réserve sur le compte de ses hôtesses, et ne dit rien qui pût donner à penser que, sous le même toit que lui, vivait la plus belle personne qui eût jamais imprimé ses pieds andalous sur la poussière du Prado, ou pressé de ses genoux les nattes d'espart qui tapissent l'église de San-Luis.

L'éducation des femmes espagnoles est, en général, négligée : imparfaites musiciennes, peu versées dans la littérature et les langues étrangères, ne s'occupant point de ces ouvrages dans lesquels excellent les femmes françaises, elles ajoutent peu d'agrémens à ceux qu'elles reçoivent de la nature. En revanche, elles naissent presque toujours belles, spirituelles et remarquables par leur tournure gracieuse; si elles séduisent par la mobilité et l'expression de leur physionomie, elles connaissent aussi, au suprême degré, l'art de plaire. Douées d'une extrême vivacité, causant avec grâce et facilité, n'excluant même point une certaine familiarité dans la conversation, leur coquetterie est sans apprêt, parce qu'elle est innée en elles ; mais lorsqu'à tant de charmes elles joignent ceux d'un esprit cultivé, lorsque quelques défauts du caractère national sont corrigés par une éducation soignée, alors il est difficile de rien imaginer de plus séduisant qu'une Espagnole.

CHAPITRE VIII.

Un mois après son arrivée à Madrid, Maurice était éperdûment amoureux de Blanca. Il la voyait tous les jours, autant qu'il le pouvait; il se reprochait parfois d'être indiscret dans ses visites assidues; mais il ne laissait néanmoins jamais échapper une occasion de la voir. Il avait lu dans cette âme ardente, mais pure; il s'enivrait chaque jour de ces conversations dans lesquelles Blanca déployait tant de charme et d'esprit : ils parlaient ensemble de l'Italie, de Rome, de Florence, de cette ville, patrie des arts, sé—

jour enchanteur, où Blanca avait passé huit années. Le comte de ***, oncle de Maurice,
ministre à Florence, avait reçu souvent à l'am-
bassade M. de Casamayor : c'était un point de
contact entre eux, sur lequel tombait souvent
la conversation.

Une intimité extrême s'établit entre les trois
habitans de la calle Hortaleza. Il avait été décidé
que le régiment de Maurice tiendrait garnison à
Madrid jusqu'à la fin de la campagne. Madame
de Salzedo trouvait plaisir dans les fréquentes
visites de Maurice, et le regardait comme un
appui dans ces temps de troubles, où aucune
question n'était encore résolue pour aucun parti.
Blanca n'assistait point aux fêtes qui furent données à Madrid : elle s'abstenait même de paraître
dans les lieux publics ; mais, plusieurs fois, ces
deux dames consentirent à servir de guides à
Maurice, pour lui montrer ce que Madrid offre
de remarquable ; et c'est avec eux que nous
parcourrons la capitale du royaume d'Espagne.

CHAPITRE IX.

———

El Palacio-Real. — L'Armeria.

« Vous qui parlez avec enthousiasme de ma
belle province, dit un jour Blanca à Maurice,
vous qui auriez désiré faire partie du corps d'armée qui marche sur Grenade, vous devez être
curieux de voir le lieu où sont conservées les
armures des vainqueurs et des vaincus, des Castillans et des Maures. L'Armeria vous fournira
des souvenirs où vous pourrez lire l'histoire

d'Espagne écrite en nobles caractères. Chaque siècle y est là vivant, éclatant de la gloire de ses grands hommes, resplendissant encore dans ces armures sous lesquelles ont palpité de grands cœurs. »

Madame de Salzedo, Blanca et Maurice se dirigèrent au château royal, désert à cette époque, car Ferdinand était encore à Cadix. L'Armeria est un immense bâtiment, formant un côté de la vaste cour située en avant de ce palais, qui, bâti par Philippe V, rappelle, quoique inachevé, le château de Versailles. Ce roi avait hérité du goût de Louis XIV pour le grandiose. Situé au nord-ouest de Madrid, le palais domine une partie de la ville et toute la vallée du Mançanarez, que l'on voit couler, souvent épuisé d'eaux, au bas des jardins projetés par Philippe V, n'offrant à présent encore qu'un terrain inculte. Au nord, l'horizon est borné par les montagnes du Guadarrama, presque toujours couvertes de neige, qui imprègnent d'un froid glacial ces vents si redoutés qui viennent surprendre l'habitant de Madrid au milieu des journées les plus chaudes de l'été.

Le palais, dépeuplé de gardes, sembla triste à Maurice : privée de son roi, bien qu'animée par une nombreuse garnison et par un mouvement de guerre inaccoutumé, cette capitale se ressentait de l'absence du souverain. Le drapeau espagnol avec ses couleurs vives, emblêmes des sentimens de cette nation ardente, ne flottait point sur le vaste édifice, qui semblait porter le deuil de son maître : tel un guerrier, dans des jours funèbres, se dépouille d'un éclatant panache. Pour les monarchies, l'absence ou les malheurs des souverains légitimes rejaillissent sur les peuples en longs reflets lugubres.

Ces réflexions, Maurice se gardait de les faire devant Blanca ; la position de son père les lui interdisait : aussi, après avoir admiré le site magnifique qui se déploie devant les yeux, de la cour intérieure du palais, ils entrèrent dans les salles où sont suspendues des armes de tous les âges ; vaste arsenal où brillent les efforts de l'es-

prit humain pour attaquer et se défendre, où
un siècle accuse d'ignorance celui qui l'a précédé, où la science et les arts ont embelli, rendu
plus commodes et plus meurtriers les instrumens
de la mort. De tant de rivaux de gloire qui portaient fièrement la tête couverte de casques étin-
celans, qui défendaient de nobles causes derrière
les éclairs de leurs glaives, à peine si quelques
noms arrivent à la postérité! mais ceux-là sont
redits avec enthousiasme; les poëtes les chan-
tent, les peintres les font passer aux siècles à
venir, et les soldats s'inclinent et se découvrent,
émus et respectueux, devant les dépouilles de
ces héros.

« Arrêtons-nous, dit Blanca, devant cette
« armoire de glaces, dans laquelle sont suspen-
« dues les épées du Cid, de Roland, de Gonzalve
« le grand capitaine, de Pizarre, d'Isabelle, de
« Cortez : l'épée de Hernand Cortez, Maurice,
« c'est toute la vie de ce grand homme, c'est
« tout un siècle; c'est le monde ancien inondé
« des richesses du nouveau; c'est le nouveau

« monde envahi par la corruption de la vieille
« Europe; c'est l'or qui récompense et qui cor-
« rompt; c'est une révolution dans les esprits,
« un progrès dans les lumières, le culte du vrai
« Dieu remplaçant les sacrifices humains, un
« peuple de sauvages massacré par des Européens
« cupides, une histoire fabuleuse que cette con-
« quête faite par d'audacieux Espagnols, déci-
« més par un climat insalubre, par des fatigues
« inouïes, et guidés, dominés par un homme
« qui eut à lutter comme Annibal, contre l'in-
« gratitude de sa patrie, qu'il venait d'enrichir
« de trésors inépuisables.

« Comme cette épée si simple, sans orne-
« ment, battait sur le flanc de son généreux
« coursier, lorsque le héros, à la tête de ses
« quatorze cavaliers, s'élançait, monstre in-
« connu, centaure d'Europe, sur ces peuplades
« auxquelles il apparaissait comme un dieu ven-
« geur, annoncé par les prophéties qui prédi-
« saient la chute de Montézuma ! comme sa
« bonne lame de Tolède, si brillante encore,

« étincelait à sa main, lorsqu'il guidait ses hardis
« compagnons sur les phalanges si nombreuses
« des Mexicains ! Cortez arriva à Madrid, mandé
« par les courtisans de Charles-Quint, pour venir
« y rendre compte de sa conduite ; Cortez, in-
« quiété par des intrigues de cour, inconnu
« dans ces salons du Buen-Retiro, au milieu de
« ces seigneurs flamands venus à la suite du
« nouveau roi, lui Cortez, vice-roi du Mexique,
« dont l'épée seule est une des gloires de l'Es-
« pagne, dédaigné, méprisé par ces hommes qui
« n'auraient pu le suivre au milieu des dangers
« surhumains qui augmentaient le prix de sa
« conquête !

« Un jour Cortez, humilié, traversait silen-
« cieusement la Plaza-Mayor ; une foule nom-
« breuse se pressait devant une voiture : c'était
« celle d'un illustre prisonnier. François Ier ar-
« rivait à Madrid pour être enfermé à l'Alcazar.
« Ces deux grands hommes étaient dans la capi-
« tale de l'Espagne à la même époque.— L'un,
« dit Maurice, plus humilié d'une défaite à la

« cour que l'autre des disgrâces de la guerre.

« Ces deux héros pouvaient se comprendre :

« si François Ier eût été le souverain de Cortez,

« le vainqueur de Montézuma ne fût point mort

« de chagrin, délaissé, méprisé par le froid et

« égoïste Charles-Quint. »

L'armure de Cortez est là, complète, avec sa selle et l'équipement de son cheval. Hernand avait une grande âme dans un petit corps ; sa cuirasse en bois, bardée de cuivre ciselé, est celle d'un homme au-dessous d'une taille moyenne.

Ici, l'épée de Pizarre, soldat de fortune, dont la grossièreté faisait contraste avec les manières élégantes de Cortez : Pizarre, homme brave, qui ternit sa gloire par une cruauté inouïe envers le peuple pacifique du Pérou et la race débonnaire des Incas.

« Celle du grand capitaine, dont la mémoire

« est si chère aux Espagnols, Gonzalve, chanté

« dans nos romances nationales. » L'épée du grand capitaine est comme celle de tous ces vail-

lans hommes : on n'y voit ni ciselures, ni pierre-
ries. La nacre n'y joue point avec ses mille reflets
d'opale au milieu des trophées gravés sur l'or ;
la garde est recouverte en cuir noir, et l'on y
aperçoit les traces d'une main vigoureuse qui
maniait le fer avec force et adresse : c'est que
dans ces temps où l'artillerie était peu connue,
l'homme de guerre unissait à la valeur de l'âme,
la force du corps.

« Remarquez, Maurice, cette armure com-
« plète, modèle de goût et d'un travail exquis,
« avec des brassards, une tunique de velours
« cramoisi, un heaume surmonté de plumes,
« un casque léger, poli, brillant ; cette armure
« couvrait le corps délicat d'Isabelle. Cette épée
« courte me semble bien pesante pour la main
« d'une femme.

« Voici les armes d'Alphonse VIII, d'Al-
« phonse IX, d'Alphonse XI ; celles de saint
« Ferdinand, qui enleva aux Maures Séville,
« Cordoue, toute l'Andalousie ; celles de Charles-
« Quint, damasquinées, étincelantes, magnifi-

« ques..... — Oui, reprit Maurice : mais on n'y
« trouve point, comme sur celles de son rival,
« des coups d'arquebuse et d'estocade ; car ce
« souverain ne se lançait point, comme Fran-
« çois Ier, au milieu de la mêlée. »

Ils admirèrent encore les éclatans équipemens
de guerre des Maures, de ces ennemis galans,
braves, fastueux, contre lesquels les Espagnols
ont lutté pendant sept cent quatre-vingts ans :
leurs armes, leurs cimeterres courbes, terribles
instrumens de la mort, leurs hachés de combat, leurs cymbales aux sons éclatans qui,
s'unissant aux chants de guerre, dominaient
les cris des blessés et le râle des mourans ; des
housses richement brodées, qui couvraient leurs
rapides coursiers d'Arabie. « Eh bien, Maurice,
« animez ces restes d'armures qui ont traversé
« des siècles, tandis que les corps qui les por-
« taient, desséchés depuis long-temps, ne sont
« plus que poussière ; transportez-vous à Tolède
« ou à Grenade, et dites ce qu'il y a de plus
« étonnant de la résistance des Maures ou de

« la constance de neuf siècles des Espagnols ! »

A la voûte de l'Armeria, flottent des drapeaux conquis à la bataille de Lépante. Cervantès y figura comme un brave soldat, et y perdit la main gauche. Ecoutez Miguel de Cervantès Saavedra, qui dit : «Perdio, en la batalla naval de Lepanto, « la mano isquierda de un arcabuzazo, herida que « aunque parece fea, el la tiene por hermosa, por « haberla conrado en lo mas memorable y alta « occasion que vieron los pasados siglos ni es— « peran verlos venideros, militando debajo de las « vencedoras banderas del hijo del rayo de la « guerra, Carlos V, de felice memoria.[1] — Il « eût été beau, Blanca, de suspendre à côté de « ces trophées de victoire le sabre de Cervantès.

[1] Il perdit, à la bataille navale de Lépante, la main gauche d'un coup d'arquebuse, blessure qui, bien que difforme, ne lui paraît pas moins belle, pour l'avoir reçue dans l'action la plus glorieuse et la plus mémorable que virent les siècles passés, et que puissent jamais espérer voir les siècles à venir, en combattant sous les bannières victorieuses du fils du foudre de la guerre, Charles-Quint, de glorieuse mémoire.

« L'Espagne, qui fut si ingrate envers le poète,
« aurait pu rendre cet hommage au soldat.

— « Maurice, l'immortel auteur de *Don Qui-*
« *jote* est vengé de l'ingratitude de ses con-
« temporains, reprit vivement Blanca ; sa mé-
« moire sera éternelle parmi les Espagnols. »

Maurice n'eut point la douleur de voir à l'Armeria de Madrid l'épée conquise à Pavie : l'épée
de François Ier fut reprise dans la guerre de
l'indépendance par Murat, qui la rapporta à
Paris. Ce fut tout ce qui resta à la France des
conquêtes de Napoléon ; ce fut le prix du sang
répandu à flots dans l'injuste agression de la
Péninsule.

Le 4 avril 1808, Ferdinand VII remit l'épée
du Valois déposée depuis 1525 dans le garde-
meuble de la couronne, au grand-duc de Berg,
lieutenant-général du royaume d'Espagne pour
l'empereur Napoléon. (Note 1.)

CHAPITRE X.

Le Musée.

Élevée en Italie, Blanca y avait puisé le goût des beaux-arts; elle avait inné le sentiment du beau. La musique et la peinture l'aidaient à passer les instans de sa vie, si tristes depuis que son père avait recommencé sa carrière politique.

Traversant un jour le Prado, Maurice lui proposa de visiter le musée, le plus riche du monde peut-être.

Ils entrèrent dans ces vastes salons qui renferment les chefs-d'œuvre des écoles nationales, car on dit l'école de Séville, l'école de Cordoue, l'école de Valence, l'école de Madrid. Là, brillent les magnifiques tableaux de Velasquez, peintre d'histoire et de batailles. Blanca admirait avec l'intérêt qui s'attache aux choses passées, les glorieuses époques de l'histoire de sa patrie, représentées par ce peintre qui faisait revivre les héros du duc d'Albe, alors que les Espagnols dominaient l'Europe. « Velasquez, disait-elle à « Maurice, dans ses tableaux, où tous les per« sonnages sont ressemblans, où les costumes « sont exacts, où les faits s'entassent sous son « pinceau, palpitant de gloire, d'intérêt, de « souvenirs; Velasquez, dans un seul tableau, « vaut un volume de pénibles recherches sur « l'histoire. »

Ils s'arrêtaient devant les chefs-d'œuvre de Zurbaran, de Zéréro, de l'Espagnolet, de Mengs, de Jordan, del Aragones; mais ils ne pouvaient détacher leurs yeux des compositions célestes du divin Murillo, peintre fécond, suave et austère, gracieux dans certains sujets autant qu'il est sévère dans d'autres. Maurice partageait l'enthousiasme de Blanca pour ce grand peintre, qui était son héros, qu'elle élevait au-dessus de tous ceux dont s'honore l'Espagne.

« Admirons ensemble, Maurice, ces deux « tableaux : ici sainte Anne donnant des leçons « de lecture à la sainte Vierge encore enfant. La « jeune Marie indique du doigt une lettre; elle « hésite à la nommer, car elle regarde en rougis- « sant la sainte, sa maîtresse. Quelle naïveté dans « ce tableau ! quelle grâce dans la jeune Marie ! « Elle est déjà désignée par la main de Dieu pour « accomplir le grand mystère qui doit sauver « le monde.

« Là, la vierge Marie monte aux cieux. La « Mère de Dieu ne pouvait être plus belle; elle « va retrouver son fils. Elle traverse les airs; di- « vinité aérienne, puissante par la puissance de « son fils, pure par sa virginité.... Quel chré- « tien ne sentirait sa foi redoubler et sa confiance

« accroître en priant devant ce tableau qui re-
« présente la Mère de Dieu ! »

Murillo est le peintre des douces émotions.
S'initier à ses secrètes pensées, c'est découvrir
en soi des sentimens inconnus, c'est ouvrir son
âme à de divines croyances.

Blanca s'exprimait avec enthousiasme sur les
sujets sacrés, peints par cet homme célèbre. Sa
religion ardente s'exaltait encore devant ces
tableaux divins, et les pompes de la religion
chrétienne, nécessaires au peuple espagnol, agis-
saient sur cette âme douée d'une extrême sensi-
bilité, et qui n'avait encore aimé que Dieu.

L'école moderne offrit peu de tableaux dignes
d'être remarqués. Quelques peintres d'histoire
ont essayé de reproduire quelques uns des épi-
sodes qui rendent cette nation à jamais célèbre
dans la guerre de l'indépendance. Leurs tableaux
ne sont point dignes des grandes actions qu'ils
avaient à traiter. Les peintres et les historiens
manquent à cette nation. Comment les beaux-
arts fleuriraient-ils au milieu des convulsions

et des tempêtes qui déchirent la Péninsule depuis un demi-siècle. A la guerre de l'indépendance ont succédé quelques années de calme ; puis la guerre civile, l'invasion étrangère, sont venues mettre obstacle à tous progrès dans les arts qui ont besoin de la paix.

La littérature espagnole est, en général, peu connue. L'ignorance où l'on est des productions des auteurs de cette nation tient peut-être à ce que leurs ouvrages ont été peu traduits, car les historiens, les poètes, ne manquent point à l'Espagne, qui peut citer avec orgueil Mendoza, Moralès, Herrera Saavedra, Quevedo, Garcilaso, Calderon, Lope de Vega, Villegas, Mariana, Sepulveda, Solis. Molière eût suffi pour illustrer la littérature française. Miguel Cervantès, dont les ouvrages, qui datent du temps de l'Arioste, du Tasse, de Shakspeare, seront lus dans plusieurs siècles avec le même plaisir qu'aujourd'hui, suffirait à lui seul pour jeter un reflet brillant sur la littérature espagnole, s'il ne se présentait entouré d'un cortége d'auteurs justement estimés de leurs compatriotes.

Aujourd'hui quelques hommes instruits travaillent à des ouvrages scientifiques qui resteront appréciés des Espagnols, mais inconnus aux autres nations européennes. Les lettres et les sciences sont peu encouragées. Quelle protection peuvent accorder aux lettres et aux sciences un souverain qui n'est occupé que du soin de conserver sa couronne, et des ministres tiraillés par les exigences de tous les partis qui se succèdent dans des révolutions continuelles!

CHAPITRE XI.

Dᴀɴs les commencemens de son séjour chez Blanca, Maurice, qui connaissait la position dans laquélle se trouvait le marquis de Casamayor, évitait toute conversation politique ; mais au bout de quelque temps il devint impossible de ne point parler des événemens qui se pressaient chaque jour davantage. L'armée française faisait de rapides progrès : elle était déjà en Andalousie, et se rapprochait tous les jours de Cadix. Un seul point offrait une résistance plus

opiniâtre : c'était la Catalogne, où se livraient
de fréquens combats. Mais ce n'était pas le lieu
où devait se décider la question, et il était probable qu'une fois Ferdinand délivré des mains
des Cortès, toutes les provinces qui se défendaient encore, reconnaîtraient l'autorité souveraine.

Un jour, Blanca parla avec franchise à Maurice
de toutes ses inquiétudes sur le sort de son père.
« La lutte ne saurait être douteuse, dit-elle ; elle
« peut se prolonger quelque temps encore, mais
« le dénouement est certain : l'armée française a
« plus fait pour la cause qu'elle est venue défen-
« dre, par sa discipline sévère et par son respect
« pour les usages religieux du pays, que par la
« force des armes. Cadix ne saurait résister, et
« mon père, monsieur de Trans, que devien-
« dra-t-il dans cette lutte terrible ? »

Et Blanca pleurait.

« D'après ce que vous m'avez dit du caractère
« du marquis de Casamayor, reprit Maurice, il
« est à croire qu'il fait partie dans les Cortez, de

« ces hommes modérés qui craindront d'attirer
« sur eux de terribles représailles. Si son in-
« fluence n'est point vaine, peut-être est-ce à
« lui que l'Espagne devra la fin de cette lutte qui
« l'épuise; trompé, surpris, votre père, Blanca,
« croit défendre une noble cause; mais il est
« certain que ce n'est point la cause nationale,
« et son esprit est trop éclairé pour ne point s'en
« apercevoir. Espérons, Blanca, qu'une partie de
« l'assemblée se retirera devant le projet dange-
« reux qui sera peut-être proposé par quelques
« hommes ardens, et que le marquis de Casa-
« mayor sera un des premiers à quitter Cadix
« s'il en est temps encore. »

.-- « Mon père reculera devant un crime! s'é-
« cria Blanca avec chaleur. L'Espagne est restée
« pure des excès auxquels se sont livrées l'Angle-
« terre et la France : la cause que défend mon
« père ne sera point souillée de sang royal. »

Les prévisions de Maurice ne tardèrent point
a se réaliser. Un jour Blanca reçut une lettre
de son père : il lui envoyait un domestique
fidèle, qui, exposé à mille périls, traversa l'ar-

mée française, et pénétra dans Madrid. Le marquis de Casamayor mandait à Blanca, qu'effrayé des résolutions auxquelles voulaient se porter plusieurs membres de l'assemblée dont il faisait partie, convaincu qu'il ne pouvait plus rien pour la cause qu'il avait embrassée, voulant la quitter avant de la voir ternie par d'odieux excès, il était sorti de Cadix, avait erré dans la Sierra de Ronda, et qu'épuisé de fatigues, de soucis, il était tombé malade dans une maison de paysan, aux environs d'Antequerra, à peu de distance d'Alcala-la-Real.

Vivement émue à cette nouvelle, Blanca fit prier Maurice de descendre sur-le-champ au salon, où elle se tenait ordinairement. Elle avait foi dans ses généreux sentimens et dans son âme élevée. « Monsieur de Trans, lisez, lisez cette « lettre, que je viens de recevoir de mon père. « A quels dangers n'est-il point exposé! S'il est « pris par les bandes royalistes, c'en est fait de « lui ; dans ce moment d'exaltation, elles ne « feraient point d'attention à sa conduite. Un « membre des Cortès! voilà seulement ce qu'elles « considéreraient. D'un autre côté, s'il tombe

« entre les mains des constitutionnels, on ne lui
« pardonnera point d'avoir quitté Cadix. Je ne
« vois que dangers pour lui.

— « Je voudrais, Blanca, s'écria Maurice,
« au prix de tout mon sang, pouvoir calmer les
« agitations de votre âme, justement alarmée
« peut-être, et vous être utile. »

Il réfléchit un moment.

« Blanca, reprit-il, je suis intimement lié avec
« l'aide-de-camp du prince généralissime, qui se
« trouve, d'après les nouvelles reçues hier, à
« Séville. Je cours chez le gouverneur militaire
« de Madrid demander une sauve-garde pour le
« fidèle Pédro, l'envoyé du marquis de Casa-
« mayor; qu'il reparte sur-le-champ porteur de
« ma lettre. Le prince daigne m'honorer de ses
« bontés : ennemi de toute réaction, j'ai la ferme
« persuasion qu'il ne refusera point des passe-
« ports à votre père, pour qu'il revienne en
« sûreté à Madrid : Pédro les lui reportera. Espé-
« rons, Blanca; avant peu, vous serrerez votre
« père dans vos bras. »

Blanca était vivement émue.

« Monsieur de Trans, dit-elle à Maurice en lui
« tendant la main, comment jamais reconnaître
« tant de générosité? Je vous devrai plus que
« la vie, puisque vous sauvez celle de mon père.
« Comment m'acquitter avec vous, Maurice? »

Maurice porta, en s'inclinant avec respect,
la main de Blanca à ses lèvres.

« Vous parlez de reconnaissance, Blanca? Eh
« bien! daignez abaisser sur moi un de vos re-
« gards, que j'y puisse concevoir l'espérance que
« mes soins et mes respects seront acceptés par
« vous; qu'au jour de l'arrivée de votre père,
« je puisse dire devant lui, à la comtesse de
« Casamayor, ce que je ne puis que laisser devi-
« ner à Blanca. »

Il serra doucement la main de Blanca, dont
le teint, ordinairement pâle, devint pourpre
comme la fleur du grenadier, et crut sentir une
légère pression qui répondait à la sienne.

Le soir Pédro partit pour Séville, avec un
sauf-conduit.

CHAPITRE XII.

La Fiesta.

Par Notre-Dame d'Atocha, c'est une magnifique rue que la rue d'Alcala ! C'est une des plus belles rues d'Europe. Comme elle s'élargit depuis la Plaza del Sol jusqu'au Prado ! comme elle est spacieuse, jusqu'à la porte en marbre blanc qui donne entrée à la porte d'Alcala, ville d'université et d'étudians ! Mais aujourd'hui, la Plaza del Sol est déserte : plus de groupes stationnaires qui causent, discutent, et passent une partie de la journée à l'angle de la calle Montera, ou sur les trottoirs de la casa de Correos ; plus de causeurs enveloppés dans leurs longs manteaux, savourant avec délices cette vaporeuse fumée de cigares de la Havane, qu'ils laissent échapper par bouffées, entre une conclusion politique et un long silence.

Aujourd'hui, les groupes ont disparu ; mais la foule se précipite comme si elle était poursuivie. Une idée seule la domine : elle se hâte encore. Comme les voitures se croisent dans tous les sens ! D'abord les lourds carrosses du temps de Charles III, massifs, rouges et dorés, conduits par quatre mules ; puis les coupés plus modernes, beaux dans la jeunesse des vieux rois ; et ces voitures qui étaient si jolies, si neuves, si recherchées du temps de Manuel Godoï ; et les calésines qui passent comme l'éclair, chargées de trois, quatre, jolies filles riant aux éclats, pensant au plaisir qu'elles vont avoir ; et le calesero avec le sombrero andaloux sur l'oreille et sa résille, perché derrière sa voiture, animant du fouet sa mule chargée de sonnettes, et cachée par des harnais couverts de clous de cuivre brillans ; et les élégantes voitures des ambassadeurs, que l'on reconnaît à leurs beaux chevaux, à leurs riches livrées, au vernis brillant de leurs armoiries. Là, se cabrent en hennissant de magnifiques chevaux de Cordoue, avec la crinière et la queue tressées en galons rouges. Ici, c'est un contre-bandier passant au galop, portant en croupe sa belle maîtresse, qui, hardiment cramponnée sur la selle de son amoureux, défie toutes ses compa-gnes. Comme ce peuple, si grave naturellement, est animé aujourd'hui ! Comme toutes les phy-sionomies portent l'aspect du bonheur !

C'est qu'aujourd'hui, il y a une fête magni-fique : on a annoncé le plus beau combat de tau-reaux qui ait eu lieu depuis deux ans. Il est arrivé à Madrid cent vingt taureaux indomptables, mé-chans, furieux, tous nés dans la Sierra-Morena. Ces féroces animaux se sont jetés sur les tau-reaux apprivoisés qui les conduisaient, et en ont éventré cinq.

Et puis, c'est Pépé Tudelo, le plus célèbre
matador de toutes les Espagnes, qui va combattre aujourd'hui. Tudelo de Trasiera, près de
Cordoue, élève de Romero, qui jamais n'a manqué son coup, qui enfonce son glaive jusqu'à la
garde, le retire rouge et fumant, et salue, avec
une grâce que lui seul possède, leurs majestés
lorsqu'elles assistent au spectacle.

Enfin, à ce combat annoncé depuis si long-
temps, à cette fête tant désirée, tout Madrid y
sera. Tout Madrid, même Blanca, qui ne dissi-
mulait point son goût pour ce genre de spectacle,
s'était enveloppée dans sa mantille, et s'y était
rendue, accompagnée de madame de Salzedo et
de Maurice. Qu'elle était belle, Blanca, avec son
costume simple et un peu sévère d'Andalouse !
Sa robe noire, bordée et garnie de jais bleu-de-
ciel, dessine sa belle taille ; et cette mantille,
drapée sur ce peigne si élevé, lui donne, aux yeux
de Maurice, un air d'étrangeté qui ajoute encore
à ses charmes. Pâle sous ses beaux cheveux noirs,
c'était le type de la beauté des femmes de Grenade.

Voilà, à gauche de la porte d'Alcala, la Plaza de los Toros ; voilà ce Cirque où l'on arrive haletant, où l'on craint de ne pouvoir trouver de place : comme la foule monte rapidement les escaliers qui mènent à l'amphithéâtre ! Que de monde ! que la fête sera belle ! La musique des régimens français exécute des symphonies brillantes. Tous les officiers et soldats de l'armée sont déjà en pleine connaissance avec les habitans de Madrid. Il en est bien peu qui n'aient point donné le bras à leurs hôtesses pour venir au combat. C'est une belle chose que l'uniforme français en pays étranger.

Mais les fanfares recommencent : on assure que celle-ci sera la dernière ; qu'aussitôt après le gouverneur va donner le signal, et que la fête va commencer.

C'était vrai.

Les picadores à cheval, emboîtés dans des selles mauresques, bardés jusqu'à la moitié des cuisses de guêtres de buffle rembourrées, revêtus de vestes de soie ornées de broderies nuancées , les picadores, avec leur large chapeau gris, la résille noire, s'avancent dans l'arène : ils tiennent de longues lances qu'ils appuient sur le bout de leur pied.

Puis les chulos, avec la culotte et le bas de soie brodés, portant, d'une main, de longues draperies rouges qui flottent autour d'eux, et, de l'autre, des banderillas armées de fers piquans, couverts de papiers de couleur et dorés.

Puis le matador : Pépé Tudelo seul.

Le cortége, sur lequel s'arrêtent complaisamment tous les regards, est précédé de l'alguazil-mayor en manteau de velours noir, chaîne dorée au cou, large chapeau orné de plumes noires. Les picadores lèvent leurs lances de la hauteur de leur bras, et les inclinent devant la loge de monseigneur le gouverneur et de l'ayunta-miento de Madrid.

Après avoir fait le tour de l'arène, le matador se retira ; les picadores et les chulos restèrent seuls sur le champ de combat. Le taureau s'élança, brun, trapu, l'œil sauvage : en deux bonds il atteint un picador, qui l'attendit de pied ferme et qui le détourna du fer court, mais acéré de sa lance. Oh! c'était un bon taureau! Il s'était précipité sur le picador sans s'arrêter, sans hésitation; il promettait un beau combat : tout le monde s'intéressa à lui.

Il attaqua l'autre picador; mais, au moment où celui-ci lui faisait sentir la pointe de sa lance, l'animal se retourna brusquement, et d'un coup de corne il éventra le cheval. Tout le monde cria : Bravo! bravo, toro! Le sang coule du flanc du coursier, le picador est renversé, le taureau s'élance sur le cavalier embarrassé sous sa selle : dès lors l'enthousiasme fut à son comble; les femmes criaient : Bravo! bravo! et battaient des mains; plusieurs officiers de l'armée étaient violemment émus; Maurice pâlit, et regarda Blanca, qui, partageant l'élan général, agitait son mouchoir. Deux chulos présentaient vainement leurs drapeaux rouges : le taureau, acharné sur le picador, cherchait à le percer de ses cornes; il le saisit par sa ceinture

et le souleva en l'air. Deux autres picadores s'é-
lancèrent sur le taureau et l'attaquèrent. Harcelé de toutes parts, le courageux animal lâcha
sa proie, et combattit ses deux nouveaux adver-
saires. Il tua trois chevaux : l'un était blanc; il
reçut dans le poitrail un coup de corne qui
fit jaillir le sang, dont furent empourprées les
jambes du généreux andalou ; il fit quelques
pas foulant ses entrailles, flageola, et tomba
roide mort.

C'était un bon taureau que ce taureau né
dans la Sierra-Morena !

L'air retentissait de nouveaux cris de bravo !
Les picadores se retirèrent, et laissèrent la place
aux chulos.

Ceux-ci courent au-devant du taureau, lui
lancent sur le cou des banderillas, qui s'enfoncent dans sa chair et n'en peuvent plus sortir :
remplies d'artifice, elles éclatent et déchirent
son cou nerveux et plissé ; il secoue la tête, et
s'élance sur ces banderilleros : ceux-ci, lestes,
se dérobent à sa fureur par la fuite, ou bon-

dissent de côté avec une incroyable légèreté. L'un d'eux fait face au taureau, enfonce le trait aigu qui irrite l'animal, et au moment où l'on croit qu'il va être percé de ses cornes redoutables, il pose le pied sur sa tête, et échappe à son ennemi en sautant légèrement par-dessus lui : tout est émotion dans ce spectacle, inconnu ailleurs que dans le royaume d'Espagne.

Mais voici le drame qui se précipite ; voici le dénouement. Les chulos s'élancent par-dessus les barrières qui séparent les spectateurs du lieu du combat. Le taureau resta seul un instant.

Voici venir le matador, Pépé Tudelo de Trasiera, élève de Romero, plus célèbre que Costillarès, plus adroit que Vitoriano, plus beau, plus gracieux qu'Antonio de l'Estramadure.

Tudelo est vêtu magnifiquement : il porte une veste de soie écarlate brodée en or, étincelante de paillettes ; sa culotte blanche et or, étroitement serrée, dessine des formes herculéennes : c'est le plus *arrogante mozo* des quatre provinces qui forment le royaume d'Andalousie ;

nul mieux que lui ne manie le chuchillo ; il le lance à trente pas, et l'instrument arrive, en sifflant, droit à son but, comme un coup de poignard donné à bout portant.

Lorsqu'il paraît dans l'enceinte, parmi les nombreux spectateurs circule ce murmure si encourageant pour les acteurs chéris du public. Le peuple de Madrid est si sûr qu'il va applaudir Pépé ! Le héros de la fête sourit avec grâce, et s'avance au-devant du taureau, qui bondissait, étonné de n'être plus harcelé, tourmenté, cherchant un ennemi à combattre : il l'aperçoit, et va droit à lui ; il s'arrête à quatre pas, et médite son attaque ; quel tableau ! Tudelo immobile, tenant de la main gauche une draperie, de la droite un glaive large et tranchant ; le taureau grattant de son pied la terre, qui fuit en poussière, la tête baissée, son regard oblique fixé sur Pépé.

Les spectateurs restent immobiles, muets, retenant leur haleine, saisis par l'intérêt puissant du drame.

Le taureau à la fin s'élance sur le matador ; celui-ci l'évite avec une hardiesse et une aisance qui surprennent. Plusieurs fois Tudelo laisse les témoins de son adresse et de son sang-froid incertains entre le taureau et lui ; il se joue de leurs émotions. Enfin, Tudelo applaudi, salue en promenant complaisamment ses regards sur les loges remplies de femmes qui agitent leurs mouchoirs et battent des mains. Tout à coup il se trouble, il est moins adroit, moins hardi dans les voltes ; il regarde encore le public et pâlit..... lui Tudelo !...

Un moment le taureau reprend son avantage : si Tudelo ne le frappe pas, il est mort.

Mais Tudelo hésite ; il porte un coup mal assuré au moment où le taureau baissant la tête s'élance sur lui ; le glaive reste engagé vers l'épaule..... Tudelo est désarmé, et le taureau emporte le fer meurtrier, qui s'enfonce à chaque bond.

Tudelo n'est plus qu'un boucher maladroit ! adieu sa gloire ! il est poursuivi par les huées,

les imprécations de tout Madrid, les cris de :
« *A palos, picaro, infame, ladrone.... el cho-*
« *colate a este signor, à totos los diabolos*
« *Pépé!* » dominent toutes les malédictions....
L'autorité a peine à le soustraire à la fureur du
peuple, qui veut l'égorger.... Le matador tant
vanté, manquer un si brave taureau, qui va
mourir comme dans l'étal d'un boucher; car le
malheureux animal chancelle, se relève encore,
s'appuie contre l'enceinte, se roule et expire
en vomissant des torrens de sang ! C'était donc
le courage qui avait manqué à Tudelo? on pouvait donc dire de lui : il fut brave un tel jour?
Non ! ce serait une affreuse injure ; mais au
moment où Tudelo promenait si complaisamment ses regards sur les loges, il aperçoit
Juanita !

Juanita de Grenade, son amoureuse, qu'il avait
amenée à Madrid avec lui ; Juanita, qui causait
avec un Français avec un plaisir tel, qu'elle
ne s'aperçut point que Tudelo allait frapper
le coup qui allait décider de sa gloire devant

l'armée étrangère. Ce Français était assis sur un gradin supérieur à celui de Juanita, qui tournait la tête pour mieux entendre.... quoi ?... peut-être l'éloge de la belle mine du matador.

Tudelo avait été si violemment troublé, cet Andaloux à passions vives avait éprouvé dans ce moment un tel accès de jalousie, qu'il oublia que vingt mille spectateurs le regardaient. Vous savez ce qui lui arriva.

Lorsque la colère du public fut un peu cal-mée, le gouverneur fit appeler Tudelo, et le réprimanda sévèrement : celui-ci s'excusa, et jura par sainte Monique, patronne de Valence, qu'il ne manquerait plus un seul taureau. Il en parut douze dans cette fête. Tudelo tint parole : jamais on ne vit matador plus hardi, plus adroit, plus gracieux ; le peuple l'applaudit avec rage.

C'est qu'après le premier moment, Tudelo avait pris son parti.

Pendant l'incident qui interrompit le spec-tacle, deux soldats de police vinrent se placer à la porte d'une des loges occupées par le peu-

ple : une femme tressaillit et pâlit à leur aspect.
Lorsque Tudelo rentra dans l'arène, cette femme,
dont on avait pu remarquer les transports
bruyans jusqu'à l'arrivée des deux soldats, garda
le silence comme fascinée par les regards de
l'un d'eux. Enfin quand, par un coup brillant,
le matador eut excité les applaudissemens des
spectateurs, elle oublia le sujet de sa préoccu-
pation, et exprima une joie extraordinaire qui
tenait du délire. La foule commençait à s'écouler ; elle seule s'obstinait à rester dans cette
loge, affectant un air d'indifférence ; mais les
deux soldats s'approchèrent d'elle, la saisirent
et la menèrent en prison. Cette malheureuse
était une servante qui, n'ayant point d'argent
pour payer sa place, avait commis chez son
maître un vol, afin de se procurer un billet
d'entrée au combat de taureaux, tant est grande
chez les Espagnols la passion de ces fêtes !

Les fêtes durèrent six jours ; on immola
quatre-vingts taureaux.

Juanita ne reparut plus aux combats. Tudelo

quitta Madrid dans la nuit qui suivit la dernière fête, emmenant avec lui Juanita.

Le lendemain des combats, Thierry, le plus beau sous-officier de la garde royale française, fut trouvé mort, percé d'un seul coup de chuchillo.... c'était lui qui causait avec Juanita.

. . . .

La soirée se passa à parler du spectacle qui avait si vivement ému le peuple de Madrid. Maurice était d'un étonnement extrême de l'ivresse que causaient aux spectateurs ces scènes d'émotion ; il comparait cette crainte des dangers auxquels s'exposaient les acteurs de ce drame, ce sang qui inondait l'arène, cet intérêt puissant qu attachait à ce courageux animal qui, pour tout prix d'une belle défense, recevait la mort aux cris de joie de tout un peuple, à ces spectacles où les Romains s'enivraient à voir couler le sang. « Les « émotions que j'ai éprouvées en assistant à ce « premier combat de taureaux, Blanca, je les ai « consignées sur les lieux mêmes, sur un carnet « qui me servait à prendre des notes ; il est chaud

« de souvenirs. — Donnez, dit Blanca. — Je
« n'oserai jamais. Eh bien! au moment où le
« généreux animal attaquait le picador renversé
« sous son cheval; lorsque vous, vous, si douce,
« agitiez votre mouchoir en subissant cette im-
« pression commune, j'ai écrit.... mais, d'hon-
« neur, je ne puis achever.... J'ai écrit, ajouta-
« t-il en riant, *Férocité de la comtesse!*

— « Et si vous remportiez en France ce pré-
« cieux souvenir, voilà toutes les dames espa-
« gnoles comprises dans ce rigoureux anathème,
« à moins que vous n'ayez fait pour moi une flat-
« teuse exception.... Ecoutez notre justification.

« La nation espagnole aime tout qui est cou-
« rage et témérité. Cet amour des choses har-
« dies s'est conservé dans les descendans de Pé-
« lage et du Cid. Plus répandues autrefois, ces
« luttes avaient pour but de former au mépris
« des dangers, de donner la grâce, l'adresse et
« l'audace : c'est une passion chez les Espagnols,
« que leur ont transmie leurs pères. Que vous
« dirai-je encore? née en Andalousie, accoutu-

« mée dès mon jeune âge à voir des combats,
« ce spectacle me plaît singulièrement. L'habi-
« tude est un puissant maître; et je crois que si
« les dames françaises assistaient plusieurs jours
« de suite à ces fêtes, comme nous, elles en
« prendraient le goût, et bientôt ce plaisir au-
« rait pour elles un vif attrait. »

Blanca avait raison; nous avons vu de ces jolies Parisiennes, ambrées, fluettes, nerveuses,
ornemens des salons de la capitale, assister
d'abord avec répugnance à ce spectacle, puis
y prendre un goût aussi décidé que les Espagnoles elles-mêmes.

CHAPITRE XIII.

Les Guérillas.

Viva! viva nuestro rey Fernando!
Honor de la patria, viva su valor!!

. . . .

Que las banderas d'un pueblo libro
Sin vencidas..... es impossible!
Tragala, tragala, tragala, tragala!!

. . . .

La Sierra Morena, dont la longue chaîne s'appuie aux frontières de Portugal, traverse l'Estramadure et le pays de Cordoue, sert de limite à la Manche, et se perd dans les plaines de la Nouvelle Castille et du royaume de Murcie, a de tout temps servi d'asile à de nombreux et hardis contrebandiers. Quelque active qu'ait été la surveillance du gouvernement espagnol, il n'a jamais pu empêcher que ces montagnes inaccessibles ne servissent de repaire à des bandes armées, l'effroi des voyageurs. Leurs nombreux défilés favorisent singulièrement les audacieuses entreprises des chefs de partisans, qui rarement se laissent surprendre, et échappent presque toujours à la police du gouvernement.

Si, dans les temps de paix et de tranquillité, ces sierras recèlent des hôtes si dangereux, on peut juger si, au moment où la guerre civile était déclarée, et lorsque les diverses opinions avaient les armes à la main, ces lieux si favorables à une guerre de partisans étaient vides de ces hommes déterminés.

Au mois de janvier 1823, plusieurs bandes de guérillas combattant, les unes pour Ferdinand, les autres pour la constitution, y avaient établi leur quartier-général, d'où elles se répandaient dans tous les environs. La route de Madrid à Séville par Cordoue offrait peu de sûreté, et il eût été imprudent de s'y risquer en faibles détache-mens. La nature du pays favorise ces coups de mains hardis, dans lesquels excellent les guérillas, et qui furent si souvent funestes aux soldats français dans la guerre de l'indépendance.

Il est dans la riche Andalousie un nom que les Français ne prononcent qu'avec douleur, car il rappelle des souvenirs pénibles. Ceux d'entre notre jeune armée qui ont traversé la Caroline et Baylen peuvent dire de quelle impression ils furent affectés, en se rappelant que ces défilés avaient été les fourches caudines des armées françaises jusque - là victorieuses. Baylen ! nom plus funeste que celui qui rappellerait une défaite sanglante, car le sang versé efface la honte d'une bataille perdue ; mais capituler, mais déposer les armes aux pieds d'un ennemi insolent, c'était pis qu'un désastre, c'était une tache à l'étoile qui jusque-là brillait si constamment vive et

éblouissante. Baylen retentit dans l'Europe entière, et de même que les Mexicains, qui, jusqu'à
ce qu'ils eussent vu morts un soldat et un cheval
espagnols, croyaient avoir affaire à des dieux
immortels, la capitulation de Baylen détruisit
le prestige des armes de Napoléon, et de ce jour
les rois ses ennemis purent concevoir l'espérance
de lutter corps à corps avec le géant et de le ter-
rasser. Quinze années n'avaient point effacé ces
tristes souvenirs, et nous cherchions à les combattre en nous rappelant Somo-Sierra, Talavera,
Medina de Rio-Secco et tant de glorieux champs
de bataille dans la Péninsule.

Sur un plateau dominé par ces rochers qui
perdent dans les nues leurs pics élevés, une troupe
de guérillas établissait son bivouac. Des armes
étaient jetées négligemment sur la bruyère, des
mulets déchargés de leurs fardeaux paissaient
entre des chênes-verts : quelques hommes je-
taient par terre des outres remplies des vins généreux de Val-de-Peñas. Cette troupe, composée d'environ cent cinquante hommes, était ir-

régulièrement armée de longues carabines, de pistolets, de sabres, mais tous portaient ces redoutables *cuchillos* de *campaña* qui se fabriquent à Albacete. Deux hommes, qu'aucune décoration particulière ne distinguait, paraissaient les chefs de ces soldats de temps de trouble, qu'il devait être impossible de plier à une discipline exacte, car il était facile de juger que leurs yeux hardis n'avaient jamais dû s'abaisser devant le regard d'un supérieur ; et si la physionomie réflète les secrets sentimens de l'âme, leurs traits durs, leur expression insolente et décidée, annonçaient des caractères d'hommes sauvages et indomptables. Il fallait donc pour acquérir et conserver de l'ascendant sur une telle troupe plus que le prestige d'une broderie et d'une épaulette ; il fallait cette force d'âme devant laquelle tout plie, et cette audace qui fait, selon les circonstances ou les préjugés, des héros ou des brigands.

Sur l'ordre de l'un des deux chefs un guérilla s'avança, et plaça des vedettes sur la pointe des rochers avec une intelligence admirable de l'art de la guerre. Un geste, un signe imperceptible, étaient compris de ces hommes, et valaient toutes les explications qu'aurait pu donner un vétéran habile des meilleures troupes d'avant-garde de France. Pendant ce temps les autres guérillas avaient ensemble des conversations animées. Plus d'une fois on vit la lame d'un poignard sortir à demi de son fourreau, luire un moment et rentrer ensuite.

Lorsque les troupes françaises entrèrent en Espagne, l'espoir de voir leur cause réussir fit reprendre les armes à beaucoup de royalistes : plusieurs d'entre eux se mirent sous les ordres de chefs connus, et formèrent des troupes régulières sous le nom d'armée de la Foi. Quelques bandes se réunirent, combattant, il est vrai, avec les couleurs royales, mais faisant la guerre pour leur propre compte, et désirant dans le fond voir cette lutte se prolonger, ce temps de désordre servant merveilleusement leurs intérêts; car, sous le prétexte de punir des rebelles, ils commettaient mille vexations, levaient des impôts pour leur compte, et rendaient odieux le nom du roi dans certaines provinces où les Français n'avaient pas encore pénétré et établi une justice impartiale et sévère pour toutes les opinions. D'un autre côté, beaucoup de constitutionnels avaient encore les armes à la main; plusieurs bandes indépendantes s'étaient levées, et se composaient de déserteurs des corps réguliers qui ne pouvaient s'astreindre à aucune discipline. Ces petits corps détachés étaient le fléau des provinces où ils s'étaient établis : ils étaient autant redoutés de leurs amis que de leurs ennemis : des premiers, à cause de leur insolente familiarité; des autres, par les terribles représailles qu'ils exerçaient. Dans le nord de l'Andalousie, deux bandes, commandées par deux chefs redoutables, se faisaient une guerre continuelle, et qui n'était point sans danger pour toutes les deux. Thomas commandait les constitutionnels, Antonio les royalistes. Long-temps Antonio eut le dessous; mais lorsque la nouvelle de l'arrivée des Français à Madrid fut officielle, lorsqu'un corps d'armée marcha sur l'Andalousie, Thomas vit ses espérances diminuer autant que la confiance d'Antonio augmenta, et après avoir guerroyé quelque temps, Thomas proposa sa soumission à Antonio, en lui faisant entrevoir qu'unis ensemble pendant tout le temps que durerait la guerre, leurs intérêts communs y gagneraient, puisque dans le fond ils n'avaient qu'un but, le pillage.

Dès lors, les guérillas de Thomas furent plus chauds partisans de Ferdinand que ceux d'Antonio ; et ceux qui n'avaient point quitté la cocarde rouge pendant tout le temps des succès des constitutionnels, passèrent, aux yeux des nouveaux convertis, pour des communeros.

C'était le soir même de la réunion de ces deux troupes sous les ordres d'Antonio, que cette scène avait lieu. Plusieurs constitutionnels, qui voulurent faire les récalcitrans, furent menacés du poignard ; on leur montra ce qu'ils avaient à gagner à cette nouvelle conversion : on convint que le lendemain on marcherait dans la direction de Madrid, dans quelques provinces qui n'étaient point occupées par les Français, espérant que là il y aurait quelques leçons à donner à de riches constitutionnels : de copieuses libations de vin de Val-de-Peñas calmèrent quelques scrupules de conscience ; on mit à bas les couleurs de la révolution ; les chants royalistes furent entonnés en chœur, et une partie de la troupe commença à s'endormir, en balbutiant le refrain de l'air connu :

Viva ! viva nuestro rey Fernando !
Honor de la patria, viva su valor !
Viva, viva, nuestro rey Fernando !
Honor de la patria, y la religion !

Pendant ce temps-là, deux hommes, évitant les chemins frayés, s'étaient enfoncés dans les gorges de la Sierra-Morena. L'un d'eux, jeune, alerte ; l'autre, vieux, sombre, préoccupé, et marchant avec peine dans ces montagnes escarpées et raboteuses. La troupe d'Antonio, cachée dans une forêt de chênes-verts et de liéges, n'était aperçue de personne ; les vedettes, accroupies dans de hautes bruyères, voyaient sans être vues ; et les deux voyageurs avaient déjà dépassé la ligne des guérillas embusqués pour veiller à la sûreté de leurs compagnons, qu'ils ne se doutaient point être entrés dans un camp aussi redoutable. A peine avaient-ils fait quelques pas, qu'ils furent saisis par deux soldats, qui les menèrent à Antonio, sans écouter la moindre réclamation. Le jeune homme seulement, qui fit quelques difficultés pour marcher, reçut dans les reins de violens coups de crosse, qui eurent bientôt vaincu sa détermination.

Amenés à Antonio, ce chef les interrogea :

« Qui êtes-vous ?

— Des voyageurs égarés.

— Où allez-vous ?

— A Madrid.

— Nous ferons route ensemble. Êtes-vous royalistes ou constitutionnels ?

— Étrangers à la politique, une affaire de commerce nous mène à la capitale.

— « Étrangers à la politique ! vous ne seriez
« point Espagnols. Aujourd'hui, il faut être
« pour le roi et notre sainte religion, ou pour
« la constitution. Vos papiers ? Vous me parais-
« sez suspects. »

A un signe d'Antonio on fouilla les deux voyageurs, et l'on trouva sur eux une sauve-garde
donnée par le chef de l'armée française. En li-
sant ce papier, Antonio s'écria : « Vous êtes donc
royalistes ? » Puis continuant, il lut le nom de marquis de Casamayor, ancien député aux Cortès.

« Casamayor ! s'écria avec fureur Antonio,
« Casamayor, député aux Cortès d'Alcala-la-
« Real, un négro qui a emmené Ferdinand de
« Madrid, qui a juré la constitution, qui a voulu
« que les bandes royalistes fussent désarmées,
« mises hors la loi ! Santa Virgen ! nous avons
« un compte à régler ensemble ! Et toi, Tho-
« mas, arrive ; viens juger aussi Casamayor.

— « Qui ? Casamayor ! le traître qui vient
« de quitter Cadix ! Carrajo !! sans son exemple,
« peut-être que la pierre de la constitution serait

« encore debout à Cordoue, à Grenade, à Sé-
« ville.... C'est toi qui as quitté les constitu-
« tionnels le premier, qui as déserté la cause po-
« pulaire, qui as abandonné Quiroga! Je savais
« bien qu'un soldat pouvait déserter! il est sous
« le drapeau souvent malgré lui ; mais un dé-
« puté du peuple quitter son poste! infamie!...
« N'as-tu pas juré fidélité à la constitution ?
« Muera !

— « N'as-tu pas juré fidélité à ton seigneur
« et maître Ferdinand, notre roi, que Dieu
« conserve mille années? s'écrie Antonio.

— « Il a trahi la cause du peuple!!

— « Il a trahi le roi! Sans lui Ferdinand se-
« rait à Madrid tout puissant; et aujourd'hui,
« jour de Saint-Jacques, il entendrait la messe
« de l'archevêque de Tolède!

— « Sans lui, quarante membres des Cortès
« seraient encore à Cadix, et la constitution
« triompherait! Carrajo!! Casamayor, député
« d'Alcala-la-Real, nous nous chargeons de ton
« affaire! Tragala! Marquesito!

— « Il devrait être pendu sur la place de la
« Cevada à Madrid !

— « Il devrait être fusillé sur l'Alaméda de
« Valence, comme Ellio ! »

Pendant ces vives interpellations, les guérillas
s'étaient approchés autour du marquis de Casamayor, qui se vit, en une minute, cerné par des
ennemis acharnés : il ne comprenait pas comment il excitait l'animosité de ces hommes, qui
lui paraissaient les uns d'ardens royalistes, les
autres de chauds constitutionnels. Les cris de
muera! muera! se faisaient entendre ; les cuchillos
sortaient de leurs ceintures. Deux robustes soldats
de la Foi le saisirent par le bras, et appuyèrent
le bout de leurs pistolets sur sa poitrine. Le
malheureux Casamayor, pâle, défait, demi-mort,
crut toucher au dernier instant de sa vie. Poussé
par un instinct naturel, il tenta un dernier effort,
repoussa violemment ces deux hommes qui le
tenaient, et voulut adresser quelques paroles à
Antonio.

« Antonio, chef de royalistes, lui dit-il, tu

« encours une grande responsabilité en versant
« le sang d'un homme porteur d'une sauve-garde
« signée du prince qui commande l'armée des
« Français : tu manques plus à Ferdinand, en
« méconnaissant la signature de son royal cou-
« sin, que moi, que tu traites de matador de
« roi; car si je suis tombé aujourd'hui entre tes
« mains, Antonio, c'est pour avoir quitté Cadix,
« où je n'ai point voulu joindre ma voix à toutes
« celles qui demandaient la déchéance du fils de
« Charles IV, ton seigneur et maître. J'ai voulu
« sauver le roi des mains de ses ennemis, et ma
« voix a eu du retentissement dans l'assemblée
« des Cortès, car j'affirme sur l'honneur que
« c'est à moi que Ferdinand devra de ne pas être
« jugé.

— « En voulant sauver le roi, tu as donc
« trahi la constitution? lui dit Thomas; tu as
« donc abandonné la cause du peuple, que tu
« avais juré de défendre? Traître à Ferdinand!
« traître au peuple espagnol!... à genoux! De-
« mande pardon à Dieu, car tu vas recevoir la

« récompense de ta double lâcheté ! » En même temps, Thomas saisit le pistolet qu'il portait à sa ceinture, et ajusta Casamayor. Mais Antonio lui donna sous le bras un violent coup, qui fit partir en l'air l'arme chargée à double balle.

— « Antonio de demonio ! ce prisonnier m'ap-
« partient comme à toi ! et si tu as détourné la
« balle de mon pistolet, attends, je vais lui por-
« ter un coup plus sûr, car je serai plus près de
« lui. » Il tira en même temps la lame de son poignard ; mais Antonio lui dit : « Si tu touches
« à celui qui porte sur son passeport les trois
« fleurs de lis de France, tu es mort, Thomas !...
« Allons, silence !... Tu m'as juré obéissance, et
« songe que tu n'es pas le plus fort ici. C'est
« moi qui me charge du marquis de Casamayor,
« et malheur à celui qui se mêlera de mes af-
« faires ! Je suis un bon royaliste, et je sais ce
« que je dois faire pour Ferdinand (il ôta son
« chapeau) et notre sainte religion. Défense de
« toucher aux deux prisonniers ! »

Les guérillas s'éloignèrent ; mais les royalistes

fredonnèrent encore aux oreilles de Casamayor
le chant du midi :

> *De los bigotes de Riego,*
> *De la cabesa de Quiroga,*
> *Haremos cepillo*
> *Per limpiar cavallo*
> *Del cura Merino.*
> *Viva Fernando y la religion !*
> *Mueran los negros y la constitution !* ¹

Thomas lui-même s'éloigna en grondant
comme un chien menacé qui voudrait mordre,
mais qui n'ose.

---

¹ Avec les moustaches de Riego et le crâne de Quiroga nous
ferons une brosse pour panser le cheval du curé Mérino.
Vive Ferdinand et la religion !
Mort aux négros et à la constitution !

CHAPITRE XIV.

Un jour, Maurice assista à un service funèbre qui avait lieu dans une petite église située dans la calle Montera-Real. A gauche, sous le portail, on lit cette inscription : « A la mémoire des Espagnols morts dans la journée du 2 mai 1808. »

En sortant de l'église, un Espagnol raconta à Maurice l'histoire de la première résistance de sa nation contre les Français.

Lorsque Napoléon obtint le passage de ses troupes sur le territoire espagnol pour aller à Lisbonne, le faible Charles IV vit ou feignit de voir en lui un fidèle allié, soit aveuglement de ce souverain, soit véritable confiance dans les conseils de Manuel Godoï, acheté par Napoléon par la promesse d'un trône que l'on aurait formé pour lui d'une province démembrée du Portugal (note 2), soit qu'il sentît son impuissance de résister à celui devant lequel avaient fléchi les puissans monarques du Nord. Dès lors, rien ne fut épargné de soins et d'attentions pour que les Espagnols traitassent en amis ces soldats qui devaient, peu de temps après, leur imposer un joug si dur et si humiliant. Il faudrait des volumes pour raconter les motifs de la juste animosité des Espagnols contre le favori, les circonstances qui décidèrent Charles IV à abdiquer en faveur de Ferdinand VII, la révocation de cette abdication, les piéges tendus au jeune roi, l'arrivée du vieux roi à Bayonne, les scènes déplorables qui désunirent la famille royale; et peut-être, après de pénibles recherches, n'arriverait-on pas à savoir la vérité, car elle fut constamment environnée d'un voile si épais, qu'elle est encore inconnue à beaucoup d'Espagnols qui n'ont jamais abandonné le parti de Ferdinand.

Le peuple, dont l'instinct est admirable, ne se trompa point, parce que son attention, constamment portée vers un seul but, ne lui permettait pas de se distraire sur d'autres objets, ou que les masses se sentent douées de cette seconde vue dont sont privés si souvent ceux qui les gouvernent. Au départ de Ferdinand de Madrid, le peuple espagnol gémit en se voyant orphelin de son nouveau souverain, qu'il venait de recevoir dans la capitale avec d'étonnantes démonstrations de joie; il fit entendre de lamentables cris lorsqu'il sut que les dernières personnes de la famille royale, don Antonio, oncle de Ferdinand, et don Francisco, frère du jeune monarque, se préparaient à quitter la capitale, abandonnant les rênes du gouvernement à une junte composée de personnages distingués par leur capacité, mais qui se trouvèrent entraînés par les événemens sans pouvoir les maîtriser.

Le grand-duc de Berg, Joachim Murat, le brave entre les braves, le plus vaillant soldat de l'armée, comme en même temps l'homme le moins propre à mener une affaire politique, commandait en chef les troupes qui venaient d'envahir la Péninsule. Son quartier-général était établi à Aranda, lorsqu'il apprit l'abdication de Charles IV en faveur de Ferdinand VII. Il annonça son arrivée à Madrid, et la cour lui envoya un officier aussi distingué par l'élégance de ses manières que par sa haute capacité et son dévouement à son pays, Velarde, capitaine au corps royal d'artillerie, qui devait le féliciter, l'accompagner partout, et veiller à ce que rien ne manquât au grand-duc dans ce pays où il était reçu en allié.

Velarde avait pour ami Daoïz, officier dans le même corps. Liés d'une amitié qui ne devait finir qu'à la mort, ces deux jeunes Espagnols s'étaient communiqué leurs craintes sur les événemens qui menaçaient la Péninsule. Ils gémissaient sur l'aveuglement du souverain qui se laissait dépouiller de ses forces, et ils avaient versé ensemble des larmes de rage en voyant les plus belles troupes d'Espagne passer la frontière, et cheminer par étapes sous les ordres du brave La Romana, pour aller bivouaquer sur les bords glacés de la Baltique, si loin de leur patrie, à laquelle elles devenaient inutiles.

Velarde accepta avec empressement la mission de joindre le grand-duc, et promit à Daoïz que là, il verrait si leurs pressentimens n'étaient point trompeurs, qu'il observerait la conduite des Français, et qu'il ferait ses efforts pour deviner l'arrière-pensée du beau-frère de l'empereur.

Le grand-duc, instruit des événemens d'Aranjuez, arriva en quatre jours d'Aranda à Madrid, où il fit son entrée le 23 mars. Daoïz vit sur-le-champ Velarde, dont la figure portait l'empreinte d'une profonde tristesse.

« Eh bien! qu'as-tu observé? Les Français,
« dans quelles dispositions sont-ils?

— « Exigeans par l'habitude de la victoire !
« Ils nous traitent déjà en ennemis conquis.

— « Et le lieutenant de l'empereur, le grand-
« duc, as-tu pénétré ses intentions ?

— « Sur-le-champ, Daoïz ! Murat n'est qu'un
« soldat, sans idées politiques ; il se laisse facile-
« ment deviner. Il ne comprend point la nation
« espagnole ; il nous prend pour des Italiens.
« Déjà une partie de la Castille est exaspérée de
« l'insolence des soldats français. J'ai vu que sous
« les manteaux déchirés des Castillans il bat des
« cœurs généreux. La moindre étincelle pro-
« duira un immense incendie. Avant-hier, en
« traversant Buitrago, un malheureux gênait le
« grand-duc sur son passage. Murat le frappa
« d'un coup de cravache : le Castillan voulut ri-
« poster ; mais j'intervins heureusement, et, le
« conduisant à l'écart, je lui glissai dans l'oreille
« ces mots, qui produisirent sur lui un effet ma-
« gique. « Dors, ami, jusqu'au moment du ré-
« veil ! » Il me comprit, car il me serra convul-
« sivement la main. Daoïz, si l'Espagne sort de

« sa léthargie, nous trouverons de dignes des-
« cendans de Pélage! Nous n'avons jamais été
« conquis, nous ne le serons jamais.

— « Comment parle-t-il de nos prêtres?

— « Avec dérision.

— « Il est perdu s'il ne respecte point nos
« croyances! Mais qui se mettra à la tête de la
« nation? Godoï l'a corrompue. L'insouciance
« du vieux roi a laissé dissiper nos trésors, nos
« flottes, nos armées. Ferdinand nous est en-
« levé!... Plus de chefs!... Qui dirigera le mou-
« vement?

— « Ami, dans la crise qui se prépare, il y au-
« rait folie à vouloir tout prévoir. L'Espagne va
« être le théâtre d'événemens qui surprendront
« les nations. Le mouvement commencera par le
« peuple. Eh bien! le peuple nommera ses chefs.
« Chacun sera classé selon son dévouement à la
« patrie, son énergie, sa capacité. Dans la révo-
« lution qui va avoir lieu, les ordres de l'état se-
« ront confondus. Si les grands noms ambitiou-
« nent des commandemens, qu'ils les méritent;

« si un homme du peuple obtient la confiance
« des masses, qu'il les dirige : il n'y aura
« d'exclusion que pour les faibles et les timides.

— « Velarde, je pense comme toi ; nous tou-
« chons à un moment décisif. Si le peuple espa-
« gnol supporte avec patience les premières hu-
« miliations qu'il recevra des Français, c'en est
« fait de lui. Mais j'ai lu aussi dans les âmes de
« nos braves concitoyens : j'ai vu des cœurs ul-
« cérés ! Demain se relèveront des fronts qui se
« courbent aujourd'hui. Un reste d'indécision,
« une habitude de respecter les ordres du sou-
« verain, enchaînent encore de puissantes vo-
« lontés ; mais le bandeau tombé, lorsque l'on
« sera convaincu de tant de faiblesse, lorsque
« l'on verra que la complaisance pour Napoléon
« mène à un honteux esclavage, alors la nation
« puisera de la force en elle-même ; son réveil
« sera celui du lion. »

Les deux amis se séparèrent, sondèrent les
esprits, et préparèrent les habitans de la capitale
à saisir la première occasion de montrer qu'ils

ne supporteraient point volontiers la pesanteur
du sceptre impérial.

. Cependant les divisions échelonnées sur la
route de Madrid se concentraient dans la capitale ; les troupes françaises étaient passées en re-
vue sur le Prado. C'étaient ces mêmes soldats qui
avaient promené leurs aigles victorieuses en Italie, en Allemagne, en Prusse, en Hollande. On
remarquait cette infanterie de la garde impériale, troupe d'élite, contre laquelle ont lutté
en vain les efforts des meilleures troupes de
l'Europe ; et ces mamelucks, dont le costume,
qui était celui des éternels ennemis des Espagnols, rappelait dans leurs cœurs des idées de
haine et de vengeance ; et ces enfans de la Vis-
tule, ces lanciers polonais, qui jetèrent une impression de terreur qui ne fit qu'augmenter
lorsque l'on sut apprécier l'arme terrible qu'ils
maniaient avec tant de succès. Murat cherchait
à éblouir les habitans de Madrid par de brillantes
parades, mais il n'excitait point leur sympathie.
Ce général, en se déclarant l'ami, le protecteur

de Godoï, exécré de la nation, amassait sur sa tête toute la haine que l'on portait au favori ; son faste ne paraissait que ridicule, et souvent sur son passage éclataient des murmures, ou se faisaient entendre d'ironiques sarcasmes.

Un jour, le peuple se précipite à la puerta del Sol, vers l'hôtel des postes, espérant voir arriver des courriers qui apporteront des nouvelles de leur bien aimé souverain Ferdinand, parti pour aller au-devant de l'empereur. On dit qu'au château Murat veut éloigner de Madrid don Antonio et le jeune infant don Francisco de Paula. On assure que le jeune prince verse des larmes, que Murat a fait employer la force, mais que l'infant s'obstine à ne point quitter Madrid. La mère de Velarde, la sœur de Daoïz, généreuses Espagnoles, âmes spartiates dans un siècle de mollesse, se mêlent dans les groupes, gémissant et pleurant sur le sort du jeune infant. « Lui « parti, qui donc nous restera de nos bien aimés « souverains? qui nous dit qu'en ce moment Ferdinand n'est point prisonnier? Qui sait? Murat « veut peut-être nous imposer pour roi son ami,

« l'amant de Pepa Tudo, l'exécrable Manuel!... »
Et le peuple frémissait, et sur ces figures si graves
on lisait l'expression d'une fureur concentrée.
L'explosion sera terrible.

Au même instant un aide-de-camp du grand-
duc, que l'on reconnaît à son uniforme éclatant, passe au galop. « Le voilà, crie le peuple,
« l'officier qui va donner l'ordre de saisir l'infant,
« de le lier dans sa voiture pour l'emmener si le
« pauvre enfant veut résister !... » Le peuple s'é-
lance au-devant de l'aide-de-camp pour lui barrer
le passage. L'officier persiste à avancer ; il frappe,
il est frappé. Il allait périr lorsqu'une patrouille
s'avance, croise la baïonnette et le délivre.

Quel est donc cet inexplicable sentiment qui
subitement enflamme le peuple de Madrid ? L'é-
lectricité est moins prompte, la foudre moins
rapide dans ses effets. Le peuple agit comme un
seul homme, semblable à ces machines remuées
par une force invisible, et dont tous les mouvemens sont imposans par leur incroyable rapidité : chacun s'arme à la hâte, saisit une vieille
épée, un fusil, un sabre ; les Français qui

passent dans les rues isolés ou en petits détachemens sont massacrés ; les femmes jettent par les
fenêtres, sur les ennemis de l'Espagne (car
d'aujourd'hui les Français sont regardés comme
les assassins des Espagnols), des pierres, de
l'huile bouillante, des meubles, pour les écraser.
Deux mamelucks sont aperçus dans les rues
d'Alcala : poursuivis, ils se réfugient dans le
couvent des Carmes ; les religieux se barrica-
dent ; les mamelucks se rappellent le cruel usage
auquel est destiné leur sabre courbe ; ils tran-
chent la tête des moines, les lancent par-dessus
la seconde grille : sanglantes et défigurées, elles
marquent d'un jet de sang leur passage en l'air,
tournoient, tombent et bondissent sur le pavé,
car cette foule si serrée s'écarte par un sentiment d'horreur impossible à décrire ! Dès lors
la fureur du peuple est à son comble ; plus de
quartier pour de si cruels ennemis, qui outra-
gent la religion, massacrent les ministres de
Dieu, et renouvellent la haine à peine éteinte
des chrétiens espagnols contre les musulmans.

Cependant, au premier indice de ce mouvement populaire, si national, si prompt, Daoïz et Velarde avaient couru à leur caserne. Leur quartier, situé à la porte de Fuencarral, contenait vingt-six pièces d'artillerie et dix mille fusils enfermés dans des caisses. Depuis quelques jours ces deux officiers avaient préparé les soldats de leurs corps à un événement qu'ils prévoyaient. Accourant à la hâte, ils s'écrient que leurs frères sont assiégés dans leurs casernes; que les Français massacrent les Espagnols, égorgent leurs femmes et leurs prêtres. Ils jurent à leurs canonniers de mourir pour la défense de Madrid, pour leur souverain, pour leur religion. Les artilleurs s'attèlent eux-mêmes aux pièces, les mettent en mouvement, les chargent, et dirigent leurs feux dans les calles San-Bernardo et Ancha San-Bernardo. Les caisses d'armes sont défoncées, les fusils donnés aux défenseurs de la patrie. On s'arme, on s'exalte; ce jour doit amener la destruction des Français et la délivrance de l'Espagne. « Ami, dit Velarde à Daoïz, ou nous sauverons l'Espagne, ou nous mourrons ici ! Que notre sang retombe sur nos ennemis ! Vive Ferdinand ! Mort aux Français ! »

Mais leurs intrépides ennemis n'étaient point restés oisifs. La générale bat dans les rues de Madrid ; les détachemens se massent, les troupes sortent de leurs quartiers ; l'artillerie enfermée au Retiro, les régimens qui occupent la position de San-Vicente et de San-Bernardino, qui domine la ville du côté du palais, prennent les armes, et entrent dans les rues en colonnes serrées. Les grenadiers à cheval de la garde impériale, cavalerie pesante si redoutable, les lanciers polonais, les mamelucks, exécutent plusieurs charges, refoulent et dispersent ce peuple armé à la hâte, qui combattait de sa propre impulsion, sans chefs, sans plan déterminé. Plusieurs pièces de canon sortent du Retiro, débouchent par la porte d'Alcala, vomissent la mitraille dans cette rue si large, et dissipent la foule.

Mais le canon espagnol se faisait entendre à

la porte de Fuencarral : ce point offrait plus de résistance, car là commandaient deux chefs militaires, hommes d'exécution et animés du feu sacré. Une forte colonne de grenadiers français arrive au pas de charge par la place du duc de Lyria et de Berwick, traverse la place des Gardes-du-Corps, la place des Commandeurs de San-Jago, et arrive en face de la porte de Fuencarral, où plusieurs décharges à mitraille jettent dans ses rangs la mort, sans y répandre l'effroi. Sans tirer un coup de fusil, les grenadiers s'avancent au pas de charge, et emploient la baïonnette, cette arme si terrible entre les mains des Français. Les canonniers espagnols se font tuer sur leurs pièces ; Daoïz et Velarde expirent percés de mille coups, luttant avec un courage digne d'un meilleur sort contre une troupe dix fois plus nombreuse que celle qu'ils commandaient : ainsi périrent, premiers martyrs de la liberté, ces deux jeunes Espagnols dont le nom fût devenu célèbre dans la guerre de l'indépendance.

L'insurrection commença à dix heures du matin : à cinq heures, « *l'ordre régnait dans* « *Madrid.* »

Pendant trois jours des exécutions sanglantes eurent lieu par l'ordre du grand-duc de Berg. Coupables ou non d'avoir pris part à l'insurrection, un grand nombre d'Espagnols furent arrêtés, condamnés, fusillés, sans qu'on accordât à leurs instantes prières les secours de la religion, sans recevoir aucune consolation d'un prêtre ; eux, Espagnols, traités ainsi ! quel crime ! quelle faute ! Aussi la journée du 2 mai 1808 donna naissance à cette haine que les Espagnols portèrent aux Français, et qu'ils assouvirent par des vengeances terribles. Napoléon y perdit ses plus braves troupes. Telle était cependant la présomptueuse confiance de Murat, qu'il s'écria : « Cette journée donne l'Espagne « à l'empereur ! — Dites plutôt qu'elle la lui « enlève pour toujours », lui répondit le ministre de la guerre O'Farril.

CHAPITRE XV.

—

Menechilda.

Si, à l'âge de vingt ans, vous eussiez fait partie de cette belle armée qui, après des marches pénibles, arriva à Madrid dans l'été de 1823, belle de discipline et de tenue, comme si elle fût sortie d'une caserne pour aller à une parade, vous eussiez été fier de vous promener dans les rues de la capitale de l'Espagne avec cet élégant uniforme français qui n'a ni les formes amples et sans goût des peuples du Midi, ni la roideur de ceux du Nord; vous eussiez vu nos jeunes militaires inondant, dans les momens de repos, les vastes allées du Prado, remplies de promeneurs, ou celles plus silencieuses du Retiro; vous eussiez vu nos élégans officiers de cavalerie parader autour des lourds carrosses dorés qui portaient lentement ces jolies habitantes des palais situés dans les rues d'Alcala ou de San-Bernardo, tandis que, assis sur des chaises adossées aux antiques sycomores, d'autres trouvaient un charme inexprimable dans des conversations à demi-voix avec les nouvelles connaissances qu'ils avaient faites depuis quelques jours. Chacun, au bout de quelques semaines, selon son rang, son grade et ses goûts, s'était créé une nouvelle famille, où il rendait soins pour soins, où il recevait attention pour attention.

Au coin de la Calle-Mayor et de la petite rue qui mène à la place de Guadalajara, sous ces arcades où se vendent ces belles oranges de

Portugal, ces cédras, ces limons de Mayorque, ces dattes si jaunes et ces grenades monstrueuses d'Andalousie, on voyait des groupes nombreux composés des militaires de la garnison de Madrid; on se pressait vers une porte étroite qui donnait entrée à un magasin de tabac. Adoptant sur-le-champ les usages du nouveau pays où ils étaient destinés à vivre quelque temps, les Français fumaient tous comme les Espagnols, et s'enivraient des douces bouffées de cette fumée exquise sortie des feuilles de la Havane; mais ce qui attirait dans cette boutique obscure une partie de la garnison, c'était moins la qualité de la marchandise qui s'y débitait, que les beaux yeux de Menechilda, la plus jolie fille de Madrid, qui, le lendemain de l'arrivée des troupes françaises, avait déjà une cour nombreuse. Pour découvrir de jolies femmes dans leurs retraites les plus cachées, nos militaires ont un instinct particulier.

Au bout de trois semaines, Menechilda avait fixé son choix; et s'il venait encore quelques chalands, c'était pour admirer la piquante tournure, les beaux yeux, les grâces enjouées de la jolie marchande de la Calle-Mayor, mais sans espoir de voir leurs soins récompensés autrement que par un sourire; car, je vous le répète, Menechilda avait fixé son choix, et l'Andalouse ayant volontairement donné son cœur, ne s'imaginait pas qu'il y eût possibilité de recevoir d'hommages que de celui qu'elle avait distingué parmi tous les autres.

C'était donc Franck, sous-officier dans un de ces régimens de cavalerie légère où, jeune homme, vous eussiez voulu porter le dolman serré, la pelisse tombante sur l'épaule, la sabretache flottant cadencée et brillante, et le sabre retentissant sur un pavé inégal; c'était Franck l'Alsacien, avec les cheveux blonds des enfans des bords du Rhin, ses yeux bleus, sa moustache droite et cirée, qui avait mis de côté les nombreux adorateurs de Menechilda; Franck, gentil hussard, qui avait juré qu'il n'aimerait jamais que la belle Andalouse, et qui le croyait; c'était

Franck qui avait reçu les premiers soupirs, les premières amours, et toutes les pensées de Menechilda.

Lorsque Franck traversait la Calle-Mayor, il s'arrêtait chez Menechilda ; Alkirk, son cheval, restait attaché aux anneaux des arcos de la rue de Guadalajara. La jeune fille reconduisait Franck sous les arcos, apportait toujours au coursier des gâteaux et des azucarillos, flattait son cou nerveux, passait dans les flots de sa crinière ses doigts effilés ; et l'on eût dit aux hennissemens d'Alkirk, à ses trépignemens, à la manière dont il fronçait ses lèvres en mordant son mors, qu'il voulait témoigner sa reconnaissance à la belle amoureuse de son maître. Franck accompagnait partout Menechilda, et dans les allées de chênes-verts du Retiro et sur les bords du Mançanarès, sous ces platanes élevés qui donnent un ombrage si épais et si recherché, depuis la porte de San-Vicente jusqu'au pont de Ségovie, et aux messes basses de Nuestra Señora d'Atocha, et aux cérémonies si majestueuses de l'église de San-Isidro, où l'orgue gémit en longs soupirs, ou gronde en tonnant sous les voûtes de cette église, la plus riche et la plus dorée de Madrid. Lorsque, agenouillée sur les nattes qui tapissent les saints parvis, Menechilda s'inclinait en frappant sa poitrine, que derrière elle se dessinait Franck, debout, immobile, la tête nue, appuyé sur son sabre, fixant les voûtes du temple, on eût dit un de ces groupes symboliques représentant la Force et la Religion, ou l'Ange de la Guerre protégeant la Faiblesse. Menechilda priait Dieu pour Franck. L'Espagnole confondait dans son âme Dieu et son amant, et ses prières s'élevaient ardentes au ciel, car elle croyait sincèrement se racheter par de fréquentes stations devant la châsse de Santa-Barbara. Mélange inouï de croyances religieuses et de faiblesse humaine, qui révèle une confiance secrète dans la bonté de Dieu.

Un jour, Franck passait au galop devant Menechilda. Son cheval glisse sur le pavé brillant et plombé, s'abat, et roule dans la poussière.

Franck se frappe violemment la tête, et reste immobile, pâle, sans connaissance. Transporté chez Menechilda, il reçut les soins les plus tendres. Au bout de quelques heures il revient de son évanouissement, et se réveille entre les bras de sa maîtresse. L'effroi qu'éprouva la jeune fille révéla chez elle un sentiment profond d'amour dont elle ignorait encore la force. « Je ne savais « pas vous aimer autant, dit-elle à Franck; si « vous m'étiez infidèle, je mourrais ; si vous me « quittiez, je perdrais la raison. Conservez-moi « toujours votre foi, et ne me quittez jamais. » Franck jura sur l'honneur du numéro de son régiment qu'il l'aimerait toujours, et qu'il ne la quitterait jamais.

Quatre mois s'étaient écoulés depuis l'entrée des troupes françaises à Madrid : déjà le bruit circulait qu'une division allait faire un mouvement rétrograde, et reprendre la route de France. Le régiment de Franck devait rentrer un des premiers. Cette nouvelle fut accueillie avec indifférence de la part de l'Alsacien ; cependant, il s'imagina qu'elle pourrait faire de la peine à Menechilda : il prit alors un parti sensé, raisonnable, naturel, mais qui paraîtra inconcevable de barbarie à ceux qui auront pu penser que l'Espagnole était éprise d'une violente passion pour lui.

Un détachement de hussards devait partir quelques jours à l'avance, et précéder la division. Franck en faisait partie. Il résolut de cacher son départ à Menechilda. C'était un homme véritablement rempli de procédés et de délicatesse que Franck l'Alsacien, sous-officier de hussards.

Il partit : la veille, il avait quitté Menechilda comme à l'ordinaire.

Le lendemain elle ne le vit point : elle attribua son absence à des devoirs, à un service militaire. Deux jours se passèrent dans une attente pénible, dans des angoisses inexprimables.

Elle apprit enfin l'affreuse nouvelle.... le départ de Franck pour sa patrie! Il ne devait plus jamais revenir à Madrid. Elle ne devait plus le revoir jamais!... Vous croyez qu'elle pleura?

non.... pas une larme ne vint mouiller sa pau-
pière; mais ses lèvres pâlirent et tremblèrent,
son front devint brûlant. Mille idées se croi-
sèrent dans sa tête : une seule les domina toutes;
elle voulait revoir Franck et mourir.

Elle part, traverse Madrid, gagne la porte de
Fuencarral, et marche long-temps, long-temps
sur cette route blanche et poudreuse qui coupe
cette plaine si triste, si uniforme, si brûlante,
où l'on ne trouve point un seul arbre pour
s'abriter de la chaleur, pas un village pour se
reposer. Le soleil dardait ses rayons aplomb
sur cette tête dans laquelle s'opérait un affreux
désordre, une désorganisation complète d'idées....
Menechilda perdait la raison.

De ce moment elle fut infatigable. La jeune
fille délicate qui était harassée lorsqu'elle reve-
nait du Retiro à la Calle-Mayor, marcha toute
la journée sans prendre de nourriture, sans s'arrêter. La première nuit, elle la passa à Buitrago
sous le portail d'une église. Le lendemain elle
atteignit l'arrière-garde de la division, et mar-

cha long-temps confondue pêle-mêle avec les valets et les traînards de l'armée, et, faut-il le dire, en butte à leurs propos grossiers, à leurs brutales plaisanteries.

Au bout de quelques jours ses pieds étaient nus, meurtris, ensanglantés; ses cheveux en désordre tombaient, souillés de poussière, sur son cou amaigri et roidi par la douleur; son teint était flétri par un soleil ardent. Menechilda, la jolie Menechilda, on ne la connaissait plus que sous le nom de *la folle de Madrid.* Les soldats criaient : *Ohé, la folle?* elle les regardait fixement, baissait la tête, et marchait toujours, toujours!... Hélas, si elle avait pu pleurer!

Elle arriva un soir à Tolosa, et alla passer la nuit sous les colonnes cannelées qui soutiennent le portique de San - Anton. Elle avait froid la pauvre folle de Madrid. La lune était claire, le temps serein; mais la nuit était humide et glaciale autant que la journée avait été brûlante. Sans nourriture depuis deux jours, Menechilda, accroupie contre un des pilastres intérieurs de la voûte du portail, était absorbée, sans forces, sans pensées ; courbée sous le malheur, mais ne pouvant plus rassembler une idée, et ayant oublié et les plaisirs et les douleurs du passé ; Franck était même effacé de son souvenir.

Elle commençait à dormir de ce sommeil lourd, fatigant, entrecoupé d'agitation, lorsque la grosse cloche de San-Anton sonna minuit. Une cloche plus petite, d'un son plus clair, tinta quelques minutes ; c'était l'heure de la prière des frères du couvent. Ce bruit la tira de son assoupissement. Elle se leva brusquement et se dirigea dans la rue des Arquillos, vis-à-vis de l'église où elle avait passé la nuit. Après plusieurs détours elle arriva sur le pont qui joint Tolosa à l'autre rive, en face de la route de Navarre.

La Déba roulait ses eaux limpides avec fracas, irritée de trouver son cours obstrué par des quartiers de rochers détachés des hautes montagnes au bas desquelles elle serpente en faisant mille détours. Débordant quelquefois dans une plaine basse, et laissant entrevoir comme à tra-

vers un cristal des herbes vertes qui se dé-
ployaient en rubans d'émeraude ; d'autres fois,
immobile, profonde et noire comme les rochers
qu'elle réfléchissait, elle semblait ralentir son
cours, la capricieuse, pour bondir, vaporeuse,
éclatante de blancheur, et retomber en pluie au
pied des aunes et des chênes-verts qui bordaient
la prairie étroite et encaissée entre la route de
Madrid et la chaîne de montagnes qui s'étend
depuis les sources de l'Araquil jusqu'à l'embouchure de l'Orrio.

Au moment où la pauvre fille arrivait sur le
pont, deux soldats ivres regagnaient leurs logemens ; ils crièrent : « C'est la folle de Madrid »,
et voulurent la poursuivre. L'un d'eux la saisit,
lui pencha violemment la tête et l'embrassa.

Elle s'échappe de leurs mains, monte sur le
parapet du pont, et s'élance dans la rivière....
Les soldats épouvantés s'enfuirent.

La pauvre fille tomba sur un quartier de rocher, et se brisa la tête.

La chute fut terrible. Ce court instant de

douleur si vive lui rendit un éclair de raison, et lui rappela quatre mois de joies, de bonheur et de fautes.

L'eau qui tourbillonnait rapide sous le pont menaçait de l'engloutir. Elle voulut ressaisir l'existence qui lui échappait, et se raccrocher à la vie. Elle tenta de se cramponner au rocher; mais il était usé par les eaux de la Deba, poli, couvert de mousses glissantes, d'algues visqueuses.

Entraînée, elle leva la main droite pour faire le signe de la croix. Elle se repentit devant Dieu; ses lèvres murmurèrent : « *Ave Maria purissima !* » Personne ne lui rendit le salut de son pays; personne ne répondit : « *Sin Peccado concebida !* »

Sa pensée intime, Dieu seul la connut. Ce fut un secret entre le Créateur et sa faible créature, entre le maître et la servante, entre celle qui avait péché et celui qui fait miséricorde.

Elle disparut.

CHAPITRE XVI.

Le Prado.

Qui n'a entendu parler du Prado, de ses vieux sycomores et de ses ormes antiques? Qui ne connaît cette promenade, délices de Madrid, si célèbre dans les romans espagnols, théâtre de scènes d'amour et de galanterie? Ses longues et vastes allées ornées de fontaines, d'où jaillit une eau limpide qui rafraîchit l'atmosphère souvent embrasée, ou obscurcie par une poussière épaisse, sont, pendant l'hiver, remplies de monde à l'heure où le soleil vient réchauffer de ses rayons cette partie de la ville abritée des vents par le palais du Retiro, demeure royale dont les jardins arrivent en pente jusqu'au Prado. Pendant l'été, c'est au moment où le soleil disparaît et semble s'éteindre dans les cimes dentelées des sierras, qu'il dessine enflammées sur un ciel pur et bleu, que les habitans de Madrid s'y rassemblent en foule pour y respirer l'air frais du soir jusque fort avant dans la nuit.

Graves et sérieuses en apparence, mais avec des passions vives qu'elles sont forcées de dissimuler, c'est souvent au Prado que les femmes castillanes perdent cet air de sévérité capable d'effrayer l'étranger qui ne connaîtrait point les mœurs du pays. Leurs oreilles ne s'effarouchent plus de doux propos, et cette promenade est encore, comme au temps de Cervantès, le lieu où le soir on se rencontre par hasard, et où l'on se trouve avec plaisir.

Quelques voyageurs reprochent aux femmes espagnoles l'uniformité de leurs costumes. Le Prado, disent-ils, semble être le théâtre de la gravité castillane. Les longs voiles y dérobent à demi leurs figures ; les mantilles, les robes noires, y dominent, et l'on ne voit pas comme aux Tuileries cette variété qui plaît et réjouit. Ces observations ne sont point dépourvues de justesse. Mais aussi quel cachet national ne porte point cette mise espagnole ? N'y distingue-t-on pas également et les Castillanes à leur air grave, à leur maintien compassé, et les Valençaises à leur tournure souple et cambrée, et les Andalouses à leurs pieds effilés et mignons. Chaque province revêt la mode uniforme de la capitale, mais y conserve l'empreinte qui la fait reconnaître aux yeux même les moins exercés ; elle y est représentée vivante, colorée de son teint, animée de sa démarche, gracieuse de ses airs de tête et de ses mouvemens ondulés que les Espagnols désignent sous le nom de *Meneo*. Du reste, les modes françaises commencent à s'introduire dans cette promenade. Les élégans chapeaux, les robes et les étoffes nouvelles, sortis des ateliers d'Herbaut, de Delisle, portés avec goût par les ambassadrices et quelques femmes étrangères, finiront par être désirés par les Espagnoles, et envahir le Prado. Tant pis ! que chaque pays se conserve avec sa nationalité. Il serait aussi regrettable de voir les dames de Madrid se dépouiller de la mantille, de leurs peignes élevés et s'habiller à la française, que de voir les Turcs quitter le costume oriental, jeter le large pantalon et le turban pour revêtir l'habit roide et étroit des Russes.

En face du Prado plusieurs allées conduisent aux jardins du palais du Buen-Retiro, vaste réunion de bâtimens et de cours sans goût, long-temps demeure des rois de la maison de Bourbon.

Philippe V, Charles III, Charles IV, y fixèrent à peu près leur séjour. Ses promenades sont immenses, mais tristes, et se lient au Jardin botanique, remarquable par la variété et le nombre des arbres et des plantes exotiques qu'il renferme. Quelle nation mieux que les Espagnols, maîtres des Amériques, pouvait créer avec plus de succès un établissement de ce genre. Aussi

ce jardin et le cabinet d'histoire naturelle sont-
ils les plus complets et les plus riches que possède aucune capitale de l'Europe. Dans l'immense enclos du Retiro paissent des chameaux
et des dromadaires qui y semblent naturalisés.
L'horizon au loin est désert, quelques oliviers
y croissent sans vigueur. Une plaine uniforme,
sans aucun arbre, s'étend à perte de vue; l'aspect de Madrid de ce côté est d'une affreuse tristesse. Quelques voyageurs prétendent que cette
partie de la capitale offre beaucoup de ressemblance avec les environs de Jérusalem.

Par une belle journée, madame de Salzedo,
Blanca et Maurice se promenaient au Prado :
Maurice plus épris que jamais de sa belle hôtesse;
Blanca triste : elle était depuis long-temps sans
nouvelles de son père. L'exaspération contre
les constitutionnels augmentait en raison de
leurs défaites et des succès de l'armée française,
accueillie avec enthousiasme par les populations
des campagnes, victorieuse partout où elle rencontrait l'ennemi, battant les troupes qui dé-

fendaient encore les bases dégradées d'une constitution mort-née, imposée par la force.

Un orage avait rafraîchi l'atmosphère, l'air était pur et frais; aussi les promeneurs étaient-ils nombreux. Chacun ne paraissait occupé que d'objets frivoles, lorsque par un mouvement de curiosité soudain, sans en connaître encore la raison, mais pour essayer de voir, chacun suit l'impulsion de ceux qui l'entourent, monte sur les chaises, se dresse sur ses pieds, cherche à se grandir et à dominer ceux qui déjà se précipitent vers les allées qui arrivent à la promenade des Délices, du côté de la porte de Valence. De loin, on aperçoit briller quelques armes : on distingue une troupe irrégulière et peu nombreuse; quelques hommes portent des mouchoirs noués négligemment autour de la tête, les autres des coiffures militaires ornées de cocardes rouges d'une grandeur démesurée; ceux-ci de longs fusils, ceux-là de courtes carabines.

De la foule des curieux serrés autour de cette

troupe, s'échappe un long murmure qui grossit à mesure qu'elle approche ; les cris de *muera !* sortent de quelques bouches, répétés comme un écho par ceux qui sont les plus éloignés : des rires se font entendre, des sarcasmes amers, des paroles offensantes, des injures grossières, enfin d'affreuses menaces. La foule arrivait agitée et tumultueuse près du groupe formé par Blanca, madame de Salzedo et Maurice. Les physionomies prennent un air sinistre. De tous les points du Prado, des rues qui aboutissent à cette promenade, se précipite une population irritée qui s'arme de bâtons, de pierres, de couteaux; car elle sait déjà que ce sont des prisonniers constitutionnels que ramène à Madrid une guérilla royaliste; elle sait aussi, on lui a dit, elle ne peut en douter, que l'un d'eux a tué des moines, craché sur la croix, frappé Ferdinand dans sa prison : elle veut se venger elle-même des blasphémateurs, mettre à mort ceux qui ont porté une main impie sur leurs prêtres, sur leur monarque bien aimé.

Blanca, montée sur une chaise, n'aperçoit rien encore : la bande armée et les prisonniers s'approchent ; elle va voir ! mais déjà on jette sur eux de la poussière, quelques pierres lancées en l'air doivent les blesser en retombant. Les guerrillas se serrent autour des captifs, qu'ils essaient de défendre ; ils disent qu'il faut qu'ils remettent ces deux hommes entre les mains des autorités, qu'ils ont droit à une récompense ; que c'est leur faire tort à eux, royalistes, de les massacrer ici ; qu'ils les conduisent au gouverneur ; que, dans son palais, on les tuera si l'on veut, mais que l'on doit encore attendre. Le peuple, avide d'émotions, vindicatif, ne saurait se rendre à de pareilles raisons ; c'est du sang qu'il lui faut, du sang sur l'heure : il crie *muera !* et se précipite furieux, égaré. Un homme s'écrie : C'est un cortès ! Blanca reconnaît son père. C'est le marquis de Casamayor ! s'écrie-t-on de toutes parts : *muera ! muera !*

Blanca serre le bras de Maurice, l'entraîne, lui crie : Maurice, c'est mon père ! De Trans voit le danger imminent, il s'élance ; une Française des Tuileries se fût évanouie : l'Andalouse marche, bondit, écarte la foule, l'œil ardent, pâle, sublime de colère, d'amour filial, de courage. Une pierre atteint au front Casamayor et l'inonde de sang ; un homme le saisit au cou, brandit un couteau ; il va frapper, lorsque Maurice lui arrache l'arme meurtrière, prend sous le bras Casamayor, l'adosse à un arbre, se place devant lui, lui fait un rempart de son corps, et du fourreau de son sabre frappe et contient les plus ardens. « A moi, la Garde ! » crie-t-il à quelques soldats français qui passaient : « A nous, la ligne ! » s'écrient à leur tour ces braves à d'autres promeneurs. En un clin d'œil, Maurice est entouré des siens. Casamayor croit rêver, il est sauvé de la mort : Blanca étanche le sang qui coule dans ses yeux ; Maurice le prend sous un bras, un cuirassier sous l'autre, Pédro se serre autour d'eux ; la petite escorte met le sabre à la main, passe victorieuse et fière à travers la foule qui murmure, menace et exhale son mé—

contentement en propos injurieux. A quelques pas, se trouve un corps-de-garde, dans lequel Maurice pousse plutôt qu'il n'y fait entrer Casamayor : la garde sort, de nombreuses patrouilles arrivent, dissipent le tumultueux rassemblement, et mènent chez le gouverneur français le malheureux marquis de Casamayor. Maurice l'y accompagne, explique que l'ancien député aux cortès doit être porteur d'une sauve-garde du prince ; il n'a plus rien à craindre, il est entre les mains et sous la protection des Français.

Le marquis de Casamayor raconta que la bande d'Antonio se grossit considérablement en raison des succès de notre armée : elle se divisa en deux troupes, pour faire un coup de main sur une petite ville qui avait gardé la pierre de la constitution. Thomas, à qui avaient été confiés les deux prisonniers, s'était séparé de son chef ; Thomas leur avait fait faire des marches pénibles dans les montagnes, en évitant soigneusement de rencontrer des détachemens français, voulant arriver le premier à Madrid pour avoir sa grâce, en remettant aux mains du gouverneur espagnol l'ancien membre des cortès. L'ordonnance rendue à Andujar par le prince n'était point connue de ces chefs de bande. L'armée entière, secondant de généreuses intentions, s'opposa à des réactions sanglantes ; les passions se calmèrent un peu, les Français arrêtèrent les représailles ; car, dans leurs guerres civiles, l'esprit de vengeance est terrible chez les Espagnols, et le souvenir du mal qu'ils ont souffert reste gravé profondément dans leur esprit.

Echappé à une mort certaine par le courage de Maurice, le marquis de Casamayor apprit que c'était à lui qu'il devait le sauf-conduit obtenu du prince. Il ne savait comment lui en témoigner sa reconnaissance.

Après quelques jours de repos à Madrid, il résolut de quitter encore une fois l'Espagne, d'emmener avec lui sa sœur et Blanca à Paris, et de chercher en France un asile, pour oublier les chagrins amers et les cruelles déceptions de la politique. Avant son départ, Maurice supplia madame de Salzedo de faire au marquis la demande de la main de sa fille.

Les relations qu'avait eues à Florence avec l'oncle de Maurice le marquis de Casamayor, sa famille, qui lui était connue, le rang qu'elle occupait dans le monde, sa fortune, son éducation, les immenses services qu'il lui avait rendus, tout concourait à rendre facile une pareille négociation. Maurice, ivre de joie, Blanca, au comble du bonheur, apprirent du marquis de Casamayor que rien ne s'opposait à leur union.

Une action d'éclat qui amena la délivrance de Ferdinand termina la guerre : la garde royale reçut l'ordre de rentrer en France; et avant le départ de Maurice, les deux amans furent unis dans cette église de San-Luis, où Blanca allait si souvent déposer au pied des autels le secret de son cœur, et les vœux qu'elle formait pour le bonheur de Maurice.

LA CATALOGNE.

CHAPITRE XVII.

La Catalogne.

Le quatrième corps d'armée, commandé par le doyen des maréchaux de France, le vieux Moncey, devait agir en Catalogne. Les régimens qui depuis long-temps formaient le cordon sanitaire établi entre la France et l'Espagne, composaient ce corps d'armée, fort de trois divisions, comptant dix-huit mille hommes. Les soldats étaient depuis quinze mois accoutumés à une vie active, et façonnés déjà au rude métier de la guerre, puisqu'ils occupaient une ligne de postes dans les montagnes des Pyrénées, et que plusieurs fois il y avait eu échange de coups de fusil avec les postes avancés des constitutionnels espagnols.

Le quatrième corps comptait un grand nombre d'officiers, la gloire de l'ancienne armée. Le maréchal Moncey avait fait la première guerre de Catalogne : il avait laissé une réputation de loyauté et d'intégrité qui le précédait dans cette province. Deux divisions étaient commandées par les généraux Donnadieu et de Damas. La cinquième division était commandée par le général Curial, qui fit ses premières campagnes en Égypte. Blessé de trois coups de feu au siége de Saint-Jean-d'Acre, il prit tous ses grades sur le champ de bataille, et commandait en Russie les chasseurs à pied de la vieille garde, dont le nom seul prononcé rappelle tous les hauts faits d'armes de l'empire. Enlevé trop tôt à l'armée et à ses nombreux amis, le général Curial a laissé de profonds souvenirs dans le cœur de ses anciens compagnons et de ceux qui ont approché cet homme loyal, que tout le monde aimait à cause de ses vertus militaires et de ses rares qualités privées.

Sous ses ordres, les brigades étaient commandées par les généraux : Vasserot, homme de tête, d'exécution, connu dans l'ancienne armée pour son sang-froid et son intrépidité; de Vence, colonel sous l'empire, qui semblait avoir voulu prouver, comme les Coigny, les Mortemart, les Larochejaquelein, les Chabannes, que l'ancienne noblesse devait se trouver partout où elle pouvoit rajeunir sa gloire; Peccadeuc, émigré qui se battit sous l'empire, comme sous l'ancienne dynastie, avec bravoure et loyauté. Avec ces généraux marchaient les colonels : Tholosé, bouillant, actif, chef d'état-major lorsqu'il traçait la marche d'une brigade, soldat d'avant-garde un jour d'affaire; Achard, criblé de dix-huit blessures; Cadoudal le Breton, qui, toujours en avant des tirailleurs, criait, comme dans les champs de la Vendée, à ses voltigeurs, Bretons comme lui : « Égaillez-vous, mes gars ! » Hurel, compagnon d'armes du général Curial, qui avait doublé l'étape à force d'actions d'éclat et de combats, car il fut colonel de bonne heure. Dans la cavalerie, les colonels : Nicolas, intrépide soldat, qui tous les matins faisait manœuvrer ses pelotons sous les boulets de la place de Barcelonne, pour habituer, disait-il, ses chevaux au feu ; de Beaumont, brave et fidèle, adoré de ses chasseurs et de ses officiers. Lorsque dans nos marches, ou au feu du bivouac, ils nous racontaient, eux, soldats qui avaient blanchi leurs fournimens dans le Nil, et dont les étoiles de leurs épaulettes d'or avaient réflété les feux de Moscou, lorsqu'ils nous racontaient, à nous, trop jeunes pour avoir partagé leurs travaux, l'histoire de leurs vieilles guerres et les récits fabuleux de leurs combats de géans, nous les écoutions avec la même attention que ces jeunes Athéniens auxquels Xénophon racontait les merveilles de l'immortelle retraite des dix mille. Nous aurions voulu des guerres sans fin

pour les suivre, recommencer leur vie, et vieil-
lir, comme eux, l'exemple des jeunes soldats.
Des troupes confiées à de tels hommes étaient
commandées par des chefs habiles, et éprouvés
dans l'art de la guerre.

On n'a jamais remarqué que ces braves officiers, sillonnés d'honorables cicatrices, aient témoigné la moindre hésitation à marcher sous le
drapeau blanc, comme quelques hommes de la
révolution ont voulu le faire croire, en procla-
mant que le drapeau des Bourbons était vu avec
répugnance par la plupart de ceux qui avaient
servi sous l'empire. Si leurs opinions étaient
contraires à la cause qu'ils allaient-défendre et
favorables à celle qu'ils combattaient, la foi
jurée leur avait imposé l'obligation de ne point
les laisser soupçonner, car nous les avons tous
vu heurter rudement des colonnes ennemies au-
dessus desquelles planait l'aigle et flottait le drapeau aux trois couleurs.

La division Curial arriva le 14 avril au matin
à la frontière, par la route qui mène de Perpi-

gnan à Barcelonne. Le temps était superbe; que les Pyrénées étaient belles! Leurs pics se perdaient dans les nuages pour reparaître encore, se dessinant violets sur un fond d'azur : l'œil plongeait dans des ravins profonds, où l'on avait peine à apercevoir un torrent qui roulait écumeux dans un lit embarrassé de quartiers de rochers, et qui se trahissait plutôt par le bruit de ses cascades que par la couleur de ses eaux, car la brume était épaisse dans la vallée. L'air était embaumé de ces fleurs et de ces arbustes odorans qui croissent en abondance dans ces montagnes.

La longue colonne de cette division, formée des sixième léger, septième, dix-huitième, vingt-sixième, trente-deuxième de ligne, dix-huitième et vingt-troisième régimens de chasseurs à cheval, d'une batterie d'artillerie à pied, d'une batterie à cheval, d'une compagnie de génie, se déployait comme un long ruban de mille couleurs sur cette route poudreuse qui rampe comme un serpent sur le flanc de ces montagnes.

A gauche se dessinait la mer, bleue comme le ciel, avec lequel elle se confondait; à droite le Canigou, dominant de sa masse glacée les monts qui s'entassent à ses pieds ; le Canigou, muet témoin du passage de tant de troupes, dont les échos avaient répété les cris de guerre des soldats d'Annibal, qui marchaient à la conquête de Rome par l'Ibérie et les Gaules; ceux des Maures et des Sarrasins, ceux des soldats de Philippe V, plus tard ceux de la république et de Napoléon, et ceux enfin du roi Louis XVIII. Les hommes passent, et avec eux leurs projets, qui laissent à peine quelques traces dans la mémoire des hommes ; mais les ouvrages de la nature restent immenses, indestructibles, comme en sortant des mains du Créateur.

Une barrière composée de trois chevrons marquait la séparation des deux royaumes. Quelques Espagnols s'avancèrent. Les renseignemens apprirent que les troupes constitutionnelles s'étaient retirées sous Figuères. Sur l'ordre du lieutenant-général, deux sapeurs abattirent à coups de hache ce faible obstacle. Deux compagnies de voltigeurs furent lancées dans les montagnes, pour les fouiller et éclairer la route : la musique se fit entendre, les tambours résonnèrent, les cris de Vive le Roi! les gais propos retentirent.... Nous étions en Espagne.... La campagne commençait pour nous.

La division du baron de Damas procéda à l'investissement de Figuères; elle occupa la ville sans résistance : cette division resta à peu près oisive jusqu'au moment où le général Mina, voulant jeter des troupes fraîches dans Figuères, envoya de Barcelonne le général Fernandez avec les bataillons étrangers.

Nous séjournâmes quelques jours dans les plaines du Lampourdan, pays riche, parfaitement cultivé, semé de jolis villages, et qui ressemble beaucoup à la plaine de Tarbes, adossée au versant ouest des Pyrénées.

La division espagnole commandée par le baron d'Érolès fut mise sous les ordres du général Curial : elle comptait à peu près dix mille hommes

en entrant en campagne. Le baron d'Érolès avait
une immense influence en Catalogne. C'était un
homme petit, louche, basané, s'exprimant avec
difficulté ; mais une volonté ferme, une bravoure
à toute épreuve, une grande foi dans la bonté
de sa cause, dominaient ces désavantages physi-
ques. Il était l'idole de ces soldats volontaires,
partageait leurs privations, leurs fatigues, cou-
chait constamment au milieu d'eux au bivouac,
mangeait leur pain noir, et, quoique sévère,
avait avec eux une grande familiarité. Cette petite armée était à peine vêtue, mal équipée, peu
instruite, cependant assez disciplinée. Quelques
compagnies d'élite étaient commandées par des
officiers français à demi-solde. Les Espagnols,
guidés par ces officiers, se battirent vaillamment,
quand l'occasion s'en présenta ; les autres abordaient difficilement l'ennemi. A mesure que l'on
avança en Catalogne, cette armée se fondit,
chacun retrouvant ses foyers : à la fin de la campagne, elle comptait à peine deux mille hommes.

L'armée de la Foi était vue avec défaveur par

l'armée française, qui combattait pour elle et avec elle. Elle avait toujours les plus mauvais cantonnemens, et était traitée avec peu de considération. Les méfiances et les dédains qui accueillaient les services des étrangers et des Français combattant avec les constitutionnels espagnols, furent également le partage de l'armée du baron d'Érolès : exemple sévère pour ceux qui mêlent leurs faisceaux aux armes étrangères pour rentrer dans leur patrie ! Il fallut à cet officier-général une grande constance et une grande fermeté de caractère pour conserver dignement son rang, se trouvant continuellement en contact avec les officiers-généraux du quatrième corps.

CHAPITRE XVIII.

La Messe au camp des Catalans.

Le dimanche 27 avril, à la pointe du jour, nous allâmes visiter nos avant-postes, et pousser une reconnaissance aux environs de Besalu, où Mina, réuni à Milans, avait rassemblé sept à huit mille hommes. En revenant, nous côtoyâmes les bords de la Fluvia, petite rivière capricieuse dans son cours, qui tantôt coule dans une plaine de peu d'étendue, mais bien cultivée, tantôt entre des rochers stériles qui s'élèvent à une hauteur prodigieuse. Nous gravîmes plusieurs montagnes dans des chemins escarpés, et nous arrivâmes, non sans difficultés, après une demi-heure de marche, sur un plateau accidenté où avaient bivouaqué les troupes du baron d'Érolès. Tous les soldats étaient sous les armes, et un nombre considérable de femmes, d'enfans, de vieillards, qui suivaient leurs maris, leurs pères ou leurs fils, étaient réunis auprès de quelques feux, autour desquels ils avaient passé la nuit. Dans nos marches avec l'armée royaliste espagnole, cette suite d'infortunés qui couraient reconquérir une patrie désolée, devait ressembler beaucoup aux armées royales de la Vendée, et rappelait tous les malheurs de cette terre arrosée de tant de sang.

Lorsque le baron, informé de notre arrivée, vint au-devant de nous, les Catalans saluèrent, selon leur coutume, par trois acclamations, l'homme qui leur avait inspiré assez de confiance pour aller avec lui sur une terre étrangère chercher un abri contre la persécution, et des armes pour marcher contre leurs oppresseurs. Le camp présentait un coup-d'œil bizarre, un assemblage singulier : on voyait çà et là des chevaux et des mulets attachés à des chênes-verts et à des oliviers sauvages ; des feux à demi éteints, des cavaliers endormis sur quelques brins d'herbe sèche que leur arrachaient leurs chevaux échappés, qui venaient réchauffer leurs naseaux humides de la rosée de la nuit autour des feux, complétaient ce tableau.

Peu de temps après notre arrivée, le général espagnol nous engagea à assister à la célébration de la messe. Nous prîmes place en avant des soldats. Le prêtre s'avança, tenant le calice dans ses mains. Que la religion chrétienne est admirable dans sa sublime simplicité ! Sur un bloc de granit qui semblait taillé en forme d'autel, et qu'un éboulement avait détaché d'une masse de rochers, le prêtre célébra le saint sacrifice. Un vieillard au front chauve, enveloppé dans sa couverture catalane, servait la messe ; il levait au ciel des yeux remplis d'expression, et rappelait ces vieillards qui, dans les premiers âges, avaient le don de percer dans l'avenir. Des femmes, des enfans, étaient groupés sur des rochers dans des massifs de liéges peu élevés ; devant nous se faisait entendre une musique militaire, et derrière s'élevait la fumée des feux de la nuit : l'aspect sauvage de ce lieu et le contraste des cérémonies de la religion avec le désordre d'un bivouac, formaient un coup-d'œil piquant. Mais si l'on venait à observer le silence et l'immobilité des Espagnols, si l'on venait à penser que le Dieu des armées était imploré pour le triomphe de son culte, en face des feux ennemis qui se dessinaient sur l'horizon, que rien n'interceptait la prière ni le regard vers le trône de l'Éternel, alors il se passait dans l'âme des choses telles, qu'il est impossible de les décrire. Jamais aucune fête religieuse ne produisit dans nos églises une émotion plus vive sur nous tous, que cette messe célébrée au camp des Catalans.

CHAPITRE XIX.

Les Miquelets.

Le lendemain, les deux divisions française et espagnole partirent de Perelada pour marcher sur Besalu. Les têtes de colonne de la division française arrivèrent à deux heures après midi sur un plateau d'où l'on découvrait la ligne des feux de Mina, appuyé sur Besalu et la Fluvia, guéable sur tous les points. Des reconnaissances furent envoyées immédiatement :

pendant ce temps, les régimens arrivaient et se formaient sur la hauteur. Une légère pluie commença, qui finit par tomber par torrens. La Fluvia augmenta dans la nuit : le passage devint impraticable ; les sapeurs tentèrent de jeter un pont de chevalets ; les ouvrages furent emportés par les eaux, qui grossissaient : l'attaque projetée fut remise. Les troupes bivouaquèrent pendant huit jours, au milieu d'un bois de chênes-verts, avec un temps horrible, traversées par des torrens d'eau qui tombaient sans discontinuer ; le pain mis sous les sacs d'infanterie pour être conservé, était atteint par la pluie et se délayait en pâte molle : les chevaux, sellés, attachés dans la forêt, s'irritaient, frappaient du pied, courbaient le dos et se blessaient ; les canons et les caissons s'enfonçaient dans la boue ; il fallait les changer souvent de place. Les nuits étaient froides ; nos jeunes soldats supportaient ce temps affreux avec courage et gaîté ; les uns avaient fait des baraques en feuillage, faible abri contre ❙ pluie qui les inondait ; les autres cherchaient un refuge dans les crevasses des rochers qui étaient semés sur ces hauteurs. Trois grenadiers du 7ᵉ de ligne s'étaient réfugiés sous un quartier de rocher : soit que cette masse eût perdu de sa solidité par l'excavation qu'avaient faite ces trois hommes, soit une autre raison, le rocher roula sur ces trois soldats : deux furent broyés, et le troisième, se trouvant au milieu sous une dépression, vit passer sur son corps, sans en éprouver le moindre mal, l'énorme masse, qui bondit jusqu'au bas du ravin. On peut juger de la frayeur de ce malheureux ; on eut toutes les peines du monde à lui prouver qu'il n'était point mort.

Au bout de huit jours, qui semblèrent bien longs, un rayon de soleil parut ; on parla d'attaque, tout fut oublié ; le maréchal Moncey vint, et se mit en marche avec la division. Ce maréchal était superbe : avec ses soixante-seize ans, sa belle figure et sa poudre, sa taille droite, son habit de maréchal avec sa forme antique, sa grâce et son habileté à manier des chevaux fougueux, ses beaux équipemens, il rappelait par ses services toute la gloire des guerres de l'Empire, et par sa tenue les maréchaux de Louis XIV. Il déploya pendant cette pénible campagne une activité infatigable.

Le général Mina quitta la position de Besalu à l'arrivée de nos éclaireurs. Après six semaines de marches, de contre-marches, de séjours plus ou moins ennuyeux dans les villages ou petites villes de la Catalogne, tels que Castel-Follit, Vique, Granollers, Olot, Massanas, nous prîmes position au col de Parpès, montagne élevée qui domine le littoral de la Méditerranée.

Partout l'armée française était accueillie avec une véritable joie ; dans quelques endroits cette joie tenait du délire : ceux qui avaient fait la guerre sous Napoléon ne revenaient point de leur étonnement, de voir les populations entières se précipiter au-devant des Français, eux qui, dans la guerre de l'indépendance, étaient assassinés s'ils marchaient isolés ou en corps peu nombreux. La pierre de la constitution était partout renversée et insultée ; l'irritation contre les constitutionnels était extrême dans certaines localités. L'armée usa souvent d'une utile intervention entre la fureur du parti vainqueur et la faiblesse des vaincus, qui avaient si peu ménagé les intérêts de ce peuple religieux lorsqu'ils étaient au pouvoir. Nous trouvions des couvens abandonnés et pillés, l'image des saints, protecteurs du pays, renversée et mutilée. Des moines avaient été victimes de la haine des constitutionnels : un chasseur levant la pierre d'un puits dans la cour d'un couvent, vit quelque chose qui flottait sur une eau fétide ; il enfonça sa lance, et ramena la tête d'un moine dont le corps tombait en putréfaction : c'était un franciscain qui avait été jeté dans la citerne. Tout faisait croire que d'horribles excès avaient été commis dans ces lieux consacrés à la retraite. Tels sont les hommes : insoucians de l'avenir, ils s'étourdissent des vertiges du pouvoir, ils en usent sans modération, sans songer au moment du réveil, qui sonnera terrible pour eux s'ils amassent sur leur tête la haine des masses qu'ils méprisent lorsqu'ils les dominent.

A peine entrés dans la petite ville d'Olot, une garde fut placée au logement du général. Tout à coup des cris se font entendre ; la rue se remplit de monde : les grenadiers se précipitent, mais trop tard, un crime venait d'être commis, sans qu'il eût été possible de l'empêcher, car il avait été imprévu. Un malheureux fut découvert, qui peut-être avait abusé de sa puissance, qui peut-être était victime d'une haine personnelle ; c'était un constitutionnel, assassiné par un de ses compatriotes. L'assassin foulait aux pieds son cadavre palpitant, en levant en l'air un couteau teint de sang : l'expression de sa figure était atroce ; c'était celle d'une joie satanique répandue sur sa physionomie. Il fut arrêté, et remis entre les mains des autorités espagnoles. Ce fut du reste le seul événement de ce genre dont nous fûmes témoins : horrible exemple de représailles dans les guerres civiles !

Le caractère du soldat français est bientôt apprécié en pays étranger comme il mérite de l'être. Le lendemain de son séjour chez son hôte, il est de la maison, parce qu'il s'y rend utile; il est de la famille, parce qu'il amuse les enfans, et qu'il est attentif pour les femmes. Au col de Parpès, où une partie de la division bivouaqua pendant trois semaines, le camp fut établi dans un bois de sapins : de jolies baraques, des cafés, s'élevèrent par enchantement. Il fut annoncé dans les villages avoisinans qu'il y aurait de la musique pour faire danser, et tous les soirs les jolies Catalanes qui venaient approvisionner le camp dansaient avec les soldats la catalane vive et animée, ou les farandoles provençales. La meilleure harmonie régnait entre les habitans et nous.

Une compagnie de miquelets, hommes fidèles et courageux, choisis par le baron d'Érolès, avait été donnée au lieutenant-général comme guides; il n'était pas un sentier en Catalogne qu'ils ne connussent, et ils étaient fort utiles pour accompagner les officiers d'état-major dans leurs courses de jour et de nuit. Cette guerre de montagnes obligeait à morceler les brigades et les régimens, et pour établir les rapports entre ces fractions de corps isolés, les aides-de-camp étaient obligés de faire des courses fréquentes, fatigantes et parfois périlleuses. Les mignons, c'est ainsi qu'on appelait les guides catalans, marchaient d'une manière extraordinaire. Nerveux, lestes, infatigables, ils suivaient pendant plusieurs lieues le trot d'un cheval. Dans les belles nuits d'été, ces courses solitaires n'étaient point sans charmes, et ne se faisaient point sans émotion. Côtoyant tantôt le bord d'un torrent, respirant cet air balsamique saturé de l'odeur des genêts, des romarins, des lauriers; tantôt descendant dans des ravins profonds, ou gravissant des montagnes escarpées, n'ayant pour chemin que le lit des eaux, tournant le camp ennemi, dont les feux indiquaient la position, escorté de deux guides inconnus dont la vie avait été fort aventureuse

(presque tous avaient été de hardis contrebandiers), lorsque l'absence se prolongeait, il était
permis de craindre qu'une aventure tragique
n'opposât un retard au retour.

Le chef de ces miquelets, Miguel, était remarquable : c'était un homme d'une taille élevée,
d'une physionomie dure et expressive. Lorsqu'on
le voyait sur l'escarpement d'un ravin, gravissant à travers les halliers, avec la rapidité d'un
chamois, les flancs d'un rocher aride, coiffé d'un
bonnet incarnat qui flottait sur ses larges épaules
ou qu'il relevait sur son front à la phrygienne,
Miguel, avec son cou nerveux, découvert, sa
ceinture rouge cachant à demi le manche d'un
poignard d'Albacète, ses culottes de velours ouvertes vers le genou, ses guêtres de peau serrées sur une jambe musculeuse, ses pieds préservés du contact des cailloux par une espadrille
lacée de cordons bleus ; Miguel, portant sur l'é-
paule la couverture rayée de Catalogne, et de la
main droite sa courte carabine, formait à lui
seul un épisode pittoresque dans un tableau de

ce pays si riche en beaux paysages. Miguel faisait quelquefois des expéditions hardies : il enleva, avec deux de ses compagnons, un colonel espagnol, dans un village occupé par les constitutionnels. Il avait *trouvé*, c'était son expression, une bourse remplie de quadruples, et parut revêtu d'un uniforme de hussard riche, mais ridicule. Plus tard, ayant encore *trouvé* un cheval, il ne marcha plus à pied avec ses guides. De ce jour, il avait perdu ce qui faisait son principal mérite : sa bonne mine et son air martial. A chaque partie du vêtement national qu'il remplaçait par des uniformes à la française, il se dépouillait de ses grâces sauvages ; ce n'était plus l'enfant libre des montagnes, le fier Catalan, le descendant des Céretaniens indomptables ; ce n'était plus qu'un soldat maladroit et gêné dans son uniforme comme une recrue.

Le peuple catalan est admirable par sa force et la beauté de ses formes. Les femmes sont en général élancées, grandes et jolies; elles se mettent avec beaucoup de luxe et de goût : elles sont toujours nu-tête, et se coiffent avec de longues aiguilles d'argent qui retiennent leurs cheveux relevés en nattes ; elles portent d'énormes boucles d'oreille d'améthyste et d'or, du prix souvent de plusieurs onces. Un corsage de velours galonné en argent donne passage à deux manches de chemise d'une toile fine et blanche, retenues au-dessus du coude par un velours noir et une large boucle d'argent. Un jupon rouge avec un velours noir, ou bleu avec un velours rouge, et des espadrilles, complètent ce costume, qui a quelque analogie avec celui des femmes d'Alsace.

La Catalogne est un pays riche, parfaitement cultivé : on y récolte en abondance des vins excellens, des olives, du lin, des citrons, des oranges et des caroubes, espèces de fèves qui viennent sur le caroubier, et qui servent à la nourriture des chevaux.

Dans ce pays de montagnes, la température de l'atmosphère est variable. Souvent brûlé par l'ardeur du soleil en gravissant un rocher, un air glacial vous saisit de l'autre côté. Les journées sont chaudes, et les nuits si froides et si humides, que, malgré les feux de bivouac, les vêtemens étaient transpercés comme s'ils eussent été trempés dans l'eau.

Après trois semaines de séjour au col de Parpès, une partie de la division marcha sur Mataro, une des plus jolies villes du littoral de cette province. Nous y entrâmes sans résistance, mais l'accueil fut glacial. Les maisons étaient fermées; les autorités, seules, vinrent au-devant de nous. Cette réception inusitée ne donna aucun soupçon, et cependant il était facile de s'apercevoir que les Français y étaient mal vus, les villes des bords de la mer étant, en général, mieux disposées que les autres pour la cause de la constitution. Mataro avait fourni un bataillon de miliciens volontaires qui étaient sous les ordres de Mina, retiré à Barcelonne.

On plaça des grand'-gardes comme à l'ordinaire : des reconnaissances furent poussées sur la route de Barcelonne, mais sans redoubler de précautions. Ce qui empêchait aussi que les postes

fussent multipliés, c'était la difficulté de faire du
feu : à l'exception de quelques forêts de pins et
de chênes-verts, qui sont encore assez rares, le
bois manque totalement en Espagne. Il eût fallu
pour se chauffer employer des arbres précieux,
comme l'olivier, le caroubier, l'oranger, et c'eût
été détruire les richesses de ce pays, où nous en-
trions comme amis, et dans lequel l'armée se
comportait en alliée loyale. Ce que le soldat
français aime le moins à faire, c'est de veiller à
se garder. Les précautions utiles, en temps de
guerre, lui paraissent tenir du défaut de courage, et il méprise ce genre de service, sans lequel il n'est point de sûreté pour une armée;
d'ailleurs, il ne se considérait point en pays ennemi. Partout les populations l'avaient accueilli
comme un libérateur : l'ennemi, dont on le
menaçait, il ne le trouvait nulle part. Aussi,
malgré des ordres sévères et multipliés, on ne
pouvait l'astreindre même à garder ses armes,
et le fantassin se promenait dans la campagne,

loin de son cantonnement, avec la simple baguette blanche, comme dans les garnisons de France.

Tout le monde avait besoin d'une leçon : on la reçut.

CHAPITRE XX.

Le Combat de Mataro.

Depuis huit jours nous occupions Mataro. Le service continuait à se faire avec un peu de négligence, lorsque le 24 mai, au moment où tout sommeille, à deux heures dans la nuit, des coups de fusil retentissent dans les faubourgs de la ville. On s'éveille en sursaut; chacun saisit ses armes pour gagner le lieu indiqué comme rendez-vous en cas d'alerte sur une des places de la ville; mais les portes des logemens se trouvent fermées et barricadées, et les soldats, appelés par la générale qui bat dans tous les quartiers, sont obligés de sauter par les fenêtres. Les grand'-gardes de cavalerie rentrent en désordre; une seule compagnie de voltigeurs, placée sur la route de Barcelonne, s'embusque dans une maison, et commence un feu soutenu... Les aides-de-camp montent à cheval et s'élancent du côté où se font entendre les coups de fusil. Le général réunit à la hâte quelques compagnies, et débouche sur la grand'route. C'était une attaque ordonnée par le général Mina, et exécutée par ses lieutenans Milans et Llobera.

Un officier d'état-major s'avance au galop, franchit l'espace d'un quart de lieue, et se trouve arrêté dans sa course par une cavalerie en désordre qu'il prend pour des chasseurs français.

Il remet son cheval au pas, traverse la route, et s'arrête vers un groupe qui entourait un officier supérieur : telles furent du moins ses premières idées. Il allait parler et demander des nouvelles sur cette attaque, lorsque, ses yeux

se faisant à l'obscurité de la nuit, il crut découvrir des schakos d'une forme basse et écrasée,
tandis que les chasseurs français portaient des
coiffures élevées. Des soupçons s'élèvent dans son
esprit ; il s'approche, se penche vers l'officier
supérieur, et lui crie à voix basse à l'oreille :
Qui vive? Surpris de ces paroles françaises,
l'Espagnol porte le corps en arrière en faisant
entendre le juron habituel, *Carrajo!* et lance
un coup de sabre à celui qui se trouvait engagé
au milieu de l'ennemi ; mais le Français l'avait
prévenu, et l'Espagnol fut blessé et jeté à bas
de son cheval. Son arme tombe mollement sur
la main de l'officier, qui fit demi-tour, et revint
annoncer la position des Espagnols. Poursuivi
par plusieurs lanciers, il retrouve promptement
la colonne qui débouchait de Mataro. Elle avait
à sa tête le lieutenant-général, qui donna l'ordre
à une compagnie de voltigeurs d'approcher en
silence de l'ennemi. Les voltigeurs suivirent pa-
rallèlement la route en se glissant derrière une
haie d'aloès qui bordait la mer. Cachés, embus-

qués derrière ce rempart, ils arrivent à demi-portée de fusil. En se baissant on voyait se dessiner sur l'horizon un escadron qui avait pris position dans un champ à droite de la route. Un feu vif et bien dirigé porte dans leurs rangs un désordre tel, qu'ils se replient en fuyant sur la tête de leurs colonnes d'infanterie, qui, poursuivie par un escadron de chasseurs, se jeta dans la montagne en se débarrassant des fusils et des gibernes, que l'on trouva en grand nombre sur la route.

Le jour commençait à paraître. Le lieutenant-général, jugeant que c'était une attaque combinée, porta rapidement un bataillon au nord-est de la ville pour occuper le couvent des Capucins. Ses prévisions étaient justes. Une longue colonne descendait des montagnes, et prit une position supérieure à celle d'un bataillon du 7ᵉ de ligne et de quatre compagnies du 26ᵉ. C'était le général Milans, qui avait en tête de sa colonne un bataillon d'émigrés revêtus de l'uniforme de la garde impériale. Ils firent entendre les cris de

Vive Napoléon II. Avant de leur donner le temps de se former, le brave commandant Darnaud, officier de guerre et de vieille expérience, courut sur eux au pas de course, les enleva de leur position, et les poursuivit dans les montagnes, d'où ils continuèrent un feu assez vif. Cette action valut à M. Darnaud le grade de lieutenant-colonel.

L'attaque commença à trois heures du matin. Jusqu'à cinq heures du soir on poursuivit les troupes constitutionnelles, qui cherchèrent un refuge dans les montagnes, et regagnèrent Barcelonne. A gauche, deux bâtimens de guerre secondèrent les troupes de terre. Ils s'approchèrent de la côte, et lâchèrent plusieurs bordées sur la colonne commandée par Milans, qui suivait le bord de la mer.

Six cents fusils, trois cents hommes, tombèrent en notre pouvoir. Nous rentrâmes à Mataro, les soldats fiers de leur première victoire, la musique jouant des airs chers aux Français, fanfares joyeuses, proscrites depuis et condamnées.

Les habitans, montés sur les terrasses des maisons, suivaient avec anxiété les mouvemens des combattans. Un bataillon de miliciens volontaires, dans lequel ils comptaient leurs amis, leurs compatriotes, leurs frères, avait commencé l'attaque. Aussi, quand les voitures de blessés rentrèrent avec nous dans la ville, plusieurs scènes lamentables eurent lieu lorsque les habitans reconnurent quelques uns des leurs. On vit avec un douloureux intérêt une jeune fille promise à un de ces jeunes soldats se jeter sur son amant pâle et sanglant, le suivre à l'hôpital, et demander comme faveur de ne point le quitter, et de lui donner ses soins. Par ordre du général, le Catalan fut soigné au domicile de sa maîtresse, lorsqu'il eut donné sa parole de se constituer prisonnier de guerre quand il serait rétabli. Il est à croire qu'il prolongea un peu sa convalescence; mais il tint ses engagemens en loyal Espagnol.

Pendant ce temps une scène avait lieu, d'abord passablement ridicule, et qui finit par jeter

le trouble et l'inquiétude dans l'esprit du maréchal Moncey, qui occupait Girone, et parmi les
troupes qu'il avait avec lui sur ce point.

Aux premiers coups de fusil, un jeune homme,
adjoint au payeur de la division, quitta épou-
vanté la ville de Mataro, et s'enfuit à Girone.
Déguisé en Catalan, il arriva auprès du maréchal
en lui annonçant que la division Curial était jetée à la mer, et qu'il n'existait plus que lui, qui
devait à mille stratagèmes, d'avoir pu éviter le
sort de ses infortunés camarades. Au commencement de l'action un aide-de-camp du maréchal
arrivait à Mataro. Cet officier voulut rester au
combat, et ne put repartir que vingt-quatre
heures après son arrivée. Ce retard inusité augmenta les inquiétudes du maréchal, et donnait
une espèce de vraisemblance aux rapports du
trésorier. Tourmenté, inquiet, le maréchal se
met à la tête de quelques régimens, et marche
en toute hâte sur Mataro. La distance qui sépare
ces deux points est de dix-huit lieues. A mesure
que l'on approchait, les tristes pressentimens du

maréchal prenaient de la consistance, car il ne rencontrait ni fuyards, ni personne qui eût pu lui donner de nos nouvelles. Il était donc évident que pas un homme n'avait échappé au massacre. Aussi l'étonnement fut grand, lorsque ceux qui venaient à notre secours trouvèrent la division parfaitement tranquille, et qu'au lieu des détails d'une défaite, c'étaient ceux d'une victoire que l'on avait à raconter.

Cette attaque imprévue rendit plus prudent. On se crut en campagne à dater de ce moment, et l'on prit plus de précautions qu'avant. Mataro pouvant, dans toutes les circonstances être considéré comme point de communication important sur le bord de la mer pour se lier à Girone et aux garnisons du nord, on fit quelques ouvrages au couvent des Capucins, qui fut crénelé, et l'on entoura le cimetière de palissades. Les sapeurs du génie, ces hommes d'élite si remarquables par leur tenue, leur discipline et leur instruction, furent chargés de ces travaux.

L'usage des Espagnols n'est point de confier

les morts à des fosses creusées dans la terre : autour des murs des champs consacrés à la sépulture, règnent des caveaux extérieurs remplis de cases, dans lesquelles on place des cercueils que l'on scelle avec de la maçonnerie. Les sapeurs avaient à démolir un cimetière, et chaque coup de pioche mettait à jour des cercueils richement ornés, le luxe des Espagnols étant de recouvrir de velours noir et de riches étoffes le dernier vêtement des morts. Une fosse large et profonde avait été creusée pour y déposer ces restes ; un prêtre était là pour les bénir, car le prêtre, qui reçoit le chrétien à l'entrée de la vie, a la mission d'accompagner l'homme aux portes de la mort et d'assister au déplacement de sa cendre, lorsqu'elle est remuée dans son dernier asile. Aucun habitant de la ville n'était présent à cette lugubre cérémonie : la mémoire du cœur de l'homme est si fragile, les morts sont si tôt oubliés ! Un vieillard seul et une jeune femme étaient assis tristes et silencieux sur un tronc de sapin façonné déjà en palissade. Lors-

que les soldats du génie approchèrent d'un endroit connu sans doute des deux Espagnols,
le vieillard supplia les sapeurs de démolir doucement une case funéraire qu'il leur indiqua :
chaque coup de hache faisait battre ce cœur,
dont les glaces de l'âge n'avaient point encore
éteint le sentiment ; enfin il découvre l'objet de
ses recherches ! c'était le cercueil d'un enfant.
Le vieillard le mit sous son manteau, serra la
main de la jeune femme, et sortit emportant
son précieux fardeau.

Il est au bas de Mataro un vallon frais et délicieux ; une source d'eau vive et pure arrose
un bosquet d'orangers et de citronniers constamment en fleurs, préservés des brises de mer
qui soufflent parfois avec violence, par une
colline plantée de caroubiers. Au fond du vallon
s'élève une maison blanche, située au milieu
d'un enclos entouré de haies de grenadiers dont
les fleurs de pourpre pâlissent le lilas tendre
des fleurs d'agnus-castus, avec lesquelles elles
se marient et s'entrelacent. Le soir du jour où

l'on avait commencé à fortifier le couvent des
Capucins, on vit au bord du ruisseau du vallon,
au pied de deux palmiers qui s'élèvent droits et
immobiles dans les airs, une pierre tumulaire,
de la terre fraîchement remuée : on vit s'ache-
miner le vieillard, la jeune femme et le prêtre
du cimetière. Ils avaient confié à la terre, là,
près d'eux, sous leurs yeux, le cercueil de leur
pauvre enfant. Le prêtre consacrait par des
prières, et bénissait avec un rameau de buis,
cet asile du choix du vieux père ! Puisse la guerre
ne plus troubler les cendres de cet enfant !
puissent ces pieux Espagnols veiller sur lui long-
temps, et prier en paix sur son tombeau !

CHAPITRE XXI.

Le Moine de Mongat.

Après le combat de Mataro, les généraux Milans et Llobera se replièrent en désordre sur Badalona, et occupèrent la position redoutable de Mongat. Quelques jours après, nous marchâmes sur trois colonnes parties de Granollers, du col de Parpès et de Mataro, sur les Espagnols, qui se retirèrent à notre approche. J'avais beaucoup entendu parler de la grande Chartreuse de Mongat, bâtie à l'entrée de la plaine de Barcelonne, et pendant que nos troupes prenaient un moment de repos, nécessaire après une marche pénible dans des chemins difficiles, je descendis par un sentier escarpé, au couvent qui se trouve adossé à la montagne, et dont l'entrée principale est du côté de Barcelonne. Une allée de cyprès me mena à la porte du monastère, que je trouvai entr'ouverte : j'entrai dans une cour immense entourée d'arcades, sous lesquelles se promenait un religieux qui vint au-devant de moi. Je lui demandai si l'on pouvait visiter le couvent. « Les portes en sont ouvertes « à tout le monde, depuis que la révolution en a « franchi le seuil », me répondit le cénobite. Un coup d'œil jeté sur le moine me fit juger qu'il n'avait pas toujours porté la robe de chartreux et la sandale : un air sévère, un regard imposant, une cicatrice profonde sur le front, indiquaient que dans un temps il avait couru les hasards de la guerre, et une tristesse profonde empreinte sur tous ses traits me fit penser que de grandes douleurs l'avaient conduit dans une retraite religieuse, sous les lois d'un ordre aussi sévère. « Monsieur, me dit-il, vous visitez notre couvent dans un moment où, proscrits et fugitifs, nos frères attendent le retour de l'ordre dans notre patrie. Hélas! qui oserait sonder les décrets de Dieu! Il y a moins de quinze ans, lorsque l'usurpateur du trône de vos rois inondait l'Espagne de ses légions, les Espagnols se levèrent en masse pour conserver leur indépendance, leurs princes et leur religion; ils étaient dociles alors à la voix de leurs prêtres; alors les couvens étaient comme des ports assurés, où, fatigués du monde, des hommes éprouvés par de grands chagrins trouvaient un asile pour vivre et un tombeau pour mourir : on vit ces mêmes hommes sortir de leurs retraites, et mener les Espagnols à des combats justes et légitimes; je m'armai pour la cause commune. Dans cette lutte terrible d'une nation qui combattait avec fureur contre une armée invincible qui avait affronté des dangers inouïs, je fus témoin de scènes de férocité qui ont troublé long-temps mon imagination : blessé et fait prisonnier dans un combat, je fus emmené en France. Je redoutais, je l'avoue, cette captivité, ne pouvant croire qu'il existât des sentimens généreux chez une nation dont les enfans armés commettaient tant d'actes d'injustice. Mon erreur était grande! Partout nous reçûmes des marques touchantes d'humanité : des femmes, des enfans, nous donnaient des vêtemens et une nourriture saine, car nos alimens nous étaient souvent ravis par des geôliers barbares ; on eût dit qu'il existait deux espèces de Français ; les uns s'efforçaient de faire oublier les actes tyranniques des autres. Je ne me rappellerai jamais sans émotion que, traversant une ville de Bourgogne, nous fûmes atteints d'une maladie dangereuse et pestilentielle : des femmes que leur âge et leur rang dans le monde auraient dû éloigner d'un séjour de douleur et de désolation, s'empressèrent de nous prodiguer les soins les plus touchans ; plusieurs furent victimes de leur dévouement.

Angéliques créatures que le ciel appela à lui, et auxquelles il voulut donner promptement une céleste récompense !

« Depuis, rentré en Espagne, ne retrouvant que des ruines et des monceaux de cendres, là où j'avais eu des fermes et des habitations, ayant perdu dans la guerre et mesparens les plus proches et mes amis les plus chers, je compris qu'il fallait oublier le monde pour m'attacher à celui qui ne trompe jamais. J'entrai dans l'ordre des Chartreux ; mais l'orage révolutionnaire qui gronde encore sur l'Espagne nous a dispersés, comme nous avons vu les flottes des conquérans dispersées par les vents. Vous voyez, Monsieur, comme notre habitation a changé d'aspect ! » Et le moine de Mongat, après avoir promené ses regards autour de lui, laissa retomber sa tête sur sa poitrine.

En effet, les constitutionnels ont transformé en place forte et en caserne un séjour de paix et de tranquillité : les fenêtres et les terrasses d'où ces pieux cénobites allaient encore jeter un coup d'œil sur le monde, sont crénelées et disposées à envoyer la mort ; des phrases de la constitution sont substituées aux sentences des saintes Écritures, des paroles obscènes, des chansons impures, remplacent sur les murs l'image à demi effacée des saints révérés en Espagne et les versets de leurs hymnes : les juremens et le bruit des armes ont retenti dans ces corridors, qui n'ont été foulés que par la sandale silencieuse, et dont les échos n'ont jamais murmuré que de pieux soupirs.. . . . .

. . . .

Et déjà le clairon qui retentissait dans la montagne annonçait que nos troupes légères d'avant-garde s'étaient remises en marche..... « Adieu, mon père, lui dis-je; nous rétablirons et les autels et le trône ébranlé de Ferdinand, nous qui avons tiré le glaive pour la plus sainte et la plus royale des causes ! !

— « Avec l'aide de Dieu, jeune homme! » me dit d'une voix sévère le religieux, qui avait conservé sa pause immobile , comme absorbé dans quelque douloureux souvenir.

Et je quittai avec un sentiment d'effroi ce séjour abandonné et le moine de Mongat, dont le cœur, desséché par le malheur, paraissait inaccessible désormais à tout espoir comme à toute crainte.

CHAPITRE XXII.

Molins-del-Rey.

Le 28 juillet, la division se porta sur Moncada et Santa-Coloma : le soir le temps s'assombrit ; un orage violent éclata et grossit les ruisseaux, qui, en quelques heures, devinrent des torrens furieux et inguéables. A minuit, le maréchal Moncey arriva au quartier-général, établi dans une misérable maison à demi brûlée dans la guerre de l'indépendance. Peu de temps après, l'ordre

fut donné de se mettre en marche. A trois heures
la division était réunie à San-Andreu.

Il est rare que l'on ait habité les camps sans
avoir à raconter au moins une histoire sur ces
femmes de soldat, mariées ou non, qui s'atta-
chent aux régimens et aux corps d'armée, vendent l'eau-de-vie, s'exposent aux fatigues de la
guerre, affrontent avec sang-froid le danger,
usent, même avec les officiers-généraux, de cette
familiarité qui va jusqu'au tutoiement; héros en
jupons, qui n'ont de leur sexe que le nom, toujours utiles, et que l'on est forcé d'admirer, à
cause de leur bon coeur et de leur intrépide humanité. C'est parmi ces femmes que l'on voit
un admirable désintéressement, une générosité
étonnante vis-à-vis le soldat, dont elles deviennent le protecteur quand il est faible, la garde
lorsqu'il est malade, comme elles en sont aussi
l'amie joyeuse lorsqu'il a de l'argent pour s'amu-
ser; car elles ne comprennent point l'argent,
comme l'avare, pour le garder et se faire une
fortune. Sans soucis pour l'avenir, elles ne dési-

rent l'argent que pour le dépenser, se procurer
une carte d'entrée pour un bal, faire un bon
dîner, boire de la liqueur fine, se donner un
jupon éclatant ou un chapeau orné de panaches.
Leur ambition est de pouvoir acheter un âne ou
un mulet. Une vivandière qui possède un mulet,
avec des tonneaux, et une cantine qui contient
des saucissons et des viandes épicées, est reine
dans sa division : elle fait le commerce en grand,
et obtient la considération qui s'attache aux
hautes fortunes. Elle peut avoir un cheval pour
elle et caracoler en tête du premier régiment de
marche, toujours attachée au quartier-général.
Ces dames ont pour mari, ou comme attaché, un
vaguemestre ou un tambour-major; et c'est un
sapeur galant, qu'elles ont obtenu de la complaisance du colonel, qui, dans les chemins difficiles, conduit par la bride, l'animal qui porte le
précieux dépôt de rogomme, où chacun vient,
aux haltes, puiser, selon sa bourse ou le besoin
qu'il éprouve de se rafraîchir.

Les régimens étaient établis au bivouac : quelques chevaux, appartenant au général et à l'état-major, avaient trouvé refuge dans une masure qui avait le mérite d'être couverte, et de présenter un abri contre la pluie qui tombait par torrens. Un officier d'état-major était debout devant la porte, veillant aux soins de l'écurie, lorsqu'un tambour-major s'approcha de lui, et demanda un asile pour sa femme, pour Rose la vivandière. L'écurie était encombrée, il n'y avait de place pour personne : la galanterie française fut en défaut vis-à-vis le sexe, et un refus sortit de la bouche de l'officier, qui allégua pour raison que si une pareille faveur était accordée, il n'y aurait pas de motif pour que tout le monde ne vînt réclamer une place dans un endroit si resserré.

« Lieutenant, dit le tambour-major, je vous observe que c'est pour ma femme, pour Rose, et qu'elle aura bientôt fait : je vous jure que dans une bonne heure, ce sera fini.

— Je ne vous comprends pas, répond l'officier.

— Mais, lieutenant, je vous observe que ma femme, que Rose est en mal d'enfant. »

Rose alors s'avança : on sortit deux chevaux pour laisser libre un coin de l'écurie. Sur deux lances croisées, on jeta un manteau; et, derrière cette cloison improvisée, Rose, la courageuse Rose, donna naissance à un beau poupon, en chantant une chanson connue :

> Si c'est un petit garçon, il sera militaire,
> Il mangera du cheval comme son pauvre père;
> Vraiment, la pauvre enfant, etc.,

pendant que le tambour-major sifflotait l'air des fantassins :

> Pauvre tourlourou,
> Tu n'es pas l'Pérou, etc.

Il était huit heures du soir; à trois heures du matin la division était en marche; Rose, à son poste, à cheval, et son poupon enveloppé dans une capote de soldat, attaché sur le devant de la selle avec deux courroies, recevait le sein de sa mère, les soins du major, les caresses du sapeur et les bonjours de tout le régiment.

Les généraux Milans et Llobera avaient concentré leurs forces à Molins-del-Rey. Le général Donnadieu devait tourner cette position par Martorell : le général Laroche-Aymon avait l'ordre de détourner l'attention de l'ennemi par quelques préparatifs d'attaque, pour donner le temps à la division Curial d'arriver, de le combattre, et de le rejeter sur le général Donnadieu. Mais dans cette campagne, l'ardeur des soldats, vierges pour la plupart de combats; la noble ambition des généraux, qui voulaient à tout prix, par des affaires, légitimer de jeunes réputations, ou agrandir de vieilles renommées, contrarièrent plus d'une fois des résolutions mûries dans le silence, et firent échouer des plans sagement combinés.

Instruits de la gloire à laquelle ils étaient appelés de combattre les Espagnols plus nombreux qu'eux et dans une position redoutable, nos soldats marchèrent avec une ardeur extrême. La division suivit la crête des montagnes qui dominent la plaine de Barcelonne, et tourna ainsi la citadelle, la place et le fort Mont-Jouich. Nous présentions le flanc d'une longue colonne flottante et peu serrée, car le chemin était escarpé, étroit et coupé de ravins. Les Espagnols échelonnèrent quelques troupes dans la plaine, et firent quelques démonstrations menaçantes. Nous passâmes par les villages de Gracia, Sarria, Pedralbas, San-Pedro, et notre tête de colonne arriva à Espulgas à midi et demi. Là, nous apprîmes par les habitans du pays que l'on se battait à Molins-del-Rey depuis huit heures du matin. L'infanterie était harassée; mais le bruit de quelques coups de canon vint jusqu'à elle, et l'ardeur des soldats se ranima. La division fut partagée en deux colonnes : l'une suivit la grande route; l'autre le chemin des montagnes. Un aide-de-camp fut envoyé, avec quelques chasseurs d'escorte, pour annoncer aux combattans l'arrivée de la division. Voilà ce qui s'était passé :

Le général Laroche-Aymon avait en face de lui les Espagnols, massés sur les hauteurs qui dominent Molins-del-Rey : il était séparé d'eux par le magnifique pont jeté sur le Llobrégat, guéable en ce moment sur tous les points. Ce général devait se borner à faire quelques dispositions d'attaque pour occuper l'ennemi, bien supérieur en nombre; mais comment s'en tenir à prendre position, à de simples démonstrations, en face d'un ennemi que l'on rencontrait nombreux pour la première fois, et après lequel on avait couru pendant plusieurs mois sans pouvoir le rejoindre? Les soldats étaient pleins d'ardeur, les officiers brûlaient de combattre. Le général Laroche-Aymon donne le signal de l'attaque. Le 3ᵉ de ligne s'avance au pas de charge, l'arme au bras. Une fusillade terrible renverse les premiers grenadiers. Le brave colonel Fantin s'élance en avant; Laroche-Aymon met au bout de son épée son chapeau bordé, et chante gaîment : « *En avant, Fanfan la Tulipe : en avant, Fanfan, en avant.* » A la manière dont cet officier-général, qui n'avait jamais servi qu'à l'étranger, mène nos soldats au feu, on eût dit

que toute sa vie il avait commandé à des Français. Le premier rang de la compagnie de grenadiers tombe sous les balles : trois officiers roulent
sur le pont. Les grenadiers s'élancent au pas de
course, mais ils ne peuvent atteindre l'ennemi,
qui s'enfuit de toutes parts et gagne de hautes
montagnes presque inaccessibles. En vain nos
soldats les poursuivent, les Espagnols leur échappent par une course rapide : quelques prisonniers
seulement furent le résultat de cette journée, qui
avait été préparée de longue main par le maréchal
Moncey, et qui nous coûta du monde.

Le vieux maréchal arriva sur le pont au moment où le capitaine de grenadiers, qui venait de
recevoir une balle au front, était renversé sur le
parapet, pantelant, et se débattant contre cette
mort douloureuse qui vous fait tordre et mordre
la terre, contre cette mort cruelle, si souvent
le partage du soldat. Il s'arrête, ôte son chapeau,
et s'adressant au malheureux agonisant : « Capitaine, vous mourez au champ d'honneur, de la
mort des braves ; qu'une consolation adoucisse

vos derniers momens ! le roi et la France pren-
dront soin de votre femme et de vos enfans.
Messieurs, un dernier salut au brave : soldats,
portez vos armes ! » Immobiles, la main au
schako, les officiers saluèrent; les soldats se mirent au port d'armes. Le vieux Moncey, la tête
nue, passa devant lui. Une dernière convulsion,
un bond terrible, annonça la fin des douleurs.
Le vieux brave avait vécu.... Voilà une mort
glorieuse et digne d'envie !...

Dans cette journée, on remarqua l'inquiétude
visible d'un chef de corps qui, dans le courant
de la campagne, avait demandé sa retraite, et
qui paraissait craindre que son régiment ne prît
part à cet engagement. Cet officier comptait les
services les plus brillans dans les corps les plus
valeureux de l'ancienne armée. Nous disions
tous en épiant son air préoccupé et son sourire
forcé, lorsqu'il paraissait présumable que son
régiment allait commencer l'attaque, « Quoi !
c'est là un vieux de la garde !... C'est qu'on ne
peut pas être et avoir été ! C'est qu'arrivé à la fin

de sa carrière militaire, resté quelques années
de plus au service pour obtenir une meilleure retraite, privé du puissant mobile de l'espoir de l'a-
vancement, cet homme n'avait plus d'espérance,
et ne se souciait plus de se risquer *gratis*, arrivé
au moment péniblement acheté du repos. Pour
bien faire la guerre, il faut être jeune, ambitieux, et avoir une carrière ouverte devant soi.

Ce jour, le général Saarffield, à qui Mina voulait confier un commandement, quitta Barcelonne, et, conduit par un guide fidèle, rejoignit
notre division au moment où elle approchait de
Molins-del-Rey. Il séjourna quelque temps au
quartier-général du comte Curial. Il exprimait
hautement les sentimens les plus monarchiques,
et rejoignit le baron d'Érolès, avec lequel il
combattit les constitutionnels.

Une partie de la division fit un mouvement
rétrograde, et revint coucher à San-Feliu.

Le soir, entre six et sept heures, deux colonnes ennemies, sorties, l'une du Mont-Jouich,
l'autre de la place de Barcelonne, précédées d'une

nuée de tirailleurs, attaquèrent la brigade Vasserot à Espulgas. Repoussé vivement, l'ennemi
fut forcé de se replier dans le plus grand désordre.

Il chercha vainement à se rallier à la faveur
de la protection que lui offrait la nature du terrain, qui, dans cet endroit, est couvert de
vignes et entrecoupé de ravins profonds; nos
soldats le poursuivirent avec la plus grande intrépidité jusqu'à Sans et au pied du Mont-Jouich.
Plusieurs de nos braves voltigeurs furent blessés par le feu de la mousqueterie des remparts.

CHAPITRE XXIII.

Le lendemain, on commença l'investissement de la place de Barcelonne. Cette ville, située au bord de la Méditerranée, a sa droite appuyée sur une citadelle dont les feux rasans battent la plaine, et sa gauche sur le Mont-Jouich, vaste forteresse bâtie sur un rocher immense, coupé à pic du côté de la mer, mais dont la pente s'adoucit sensiblement du côté de la terre. En avant de Barcelonne, se développe, dans une étendue de plusieurs lieues de long sur une lieue de large, une plaine adossée à de hautes montagnes, commencement du vaste chaînon qui rejoint le Montserrat, traverse la Catalogne, et vient se réunir à la grande ligne des Pyrénées vers Baga et Puycerda. Souvent desséchés, souvent torrens dévastateurs, qui entraînent dans leur cours des rochers et des sables qui tendent à combler le port, qui n'est ni vaste ni sûr, le Besos et le Llobregat se jettent dans la mer, l'un au nord, l'autre au sud de la ville.

Deux grandes routes, celle de France et celle de Madrid par Valence et Saragosse, traversent cette plaine, qui offre un coup d'œil admirable. Cultivée par un peuple intelligent et laborieux, elle produit tout ce qui est nécessaire à la vie, du blé, des vins exquis, des légumes succulens. L'olivier, le caroubier, le figuier, y deviennent monstrueux; les orangers, les citronniers et les grenadiers embellissent de leurs fruits ce paysage délicieux, tandis que leurs fleurs répandent au loin une odeur douce et suave qui porte à la rêverie. Quelques palmiers élèvent dans les airs leur tige roide et droite, qui soutient une cime d'où retombent des feuilles longues et toujours vertes. L'aloès y dresse sa hampe couverte de fleurs jaunes, et disposées comme autour d'un élégant candélabre. La température, sans être brûlante, favorise une végétation vigoureuse. De nombreux villages, une multitude de jolies maisons de campagne, bâties et décorées à l'italienne, donnent un aspect riant et animé à ce pays, image de la richesse et de l'abondance.

La division arriva à Gracia, joli village situé sous le canon et en face de la place. Elle s'étendit tous les jours, pour former la ligne d'investissement, qui commença depuis Badalona, par San-André de Palomar, San-Marti, Gracia, San-Gerbasio, Sarria, Espulgas, jusqu'à l'Hospitalet. Un demi-cercle fut donc tracé depuis le Besos jusqu'au Llobregat. La marine, secondant le blocus, devait empêcher l'entrée de tout bâtiment dans le port et croiser devant Barcelonne.

Toutes les maisons isolées qui commandaient les chemins qui coupent la plaine de Barcelonne furent crénelées, et occupées par une, deux ou trois compagnies d'infanterie, liées entre elles par de petits postes. Dans quelques unes des nombreuses habitations placées à mi-côte, on remua de la terre, on fit des ouvrages pour placer quelques pièces de gros calibre. Chaque village reçut un ou deux bataillons de réserve, prêts à se porter sur le point qui serait menacé. La plaine, sillonnée par de profonds ravins, traversée en tous sens par des murailles qui soutiennent les terres, et par des haies d'aloès ou de cactus qui séparent les diverses propriétés, présentait un terrain accidenté, merveilleusement disposé pour faire agir des tirailleurs ; mais la cavalerie ne pouvait être que d'une faible ressource : des rampes furent pratiquées pour faciliter le passage de l'artillerie ; et en avant de la première ligne furent placées de nombreuses vedettes.

Le blocus dura trois mois. Là n'était point

la question ; elle se décidait devant Cadix : la reddition de Barcelonne n'eût point fini la guerre,
tandis qu'elle eût été terminée du moment où
Ferdinand aurait recouvré sa liberté. Pendant ce
temps, le maréchal Moncey opérait en Catalogne, livrait de fréquens combats, protégeait
et couvrait le blocus.

La division Curial fut renforcée d'une brigade, tirée de la division Donnadieu. Nous aurions été évidemment trop faibles, si nous
eussions eu affaire à un ennemi déterminé.
Presque tous les jours les Espagnols faisaient
des sorties, attaquaient mollement nos lignes,
cherchaient à nous attirer sous le feu de la
place : plusieurs fois les soldats, pleins d'ardeur,
les poursuivaient avec un emportement qui devenait funeste, car nous perdions inutilement
du monde. Dans les commencemens, rien ne
pouvait les déterminer à profiter d'un pli de
terrain, d'une maison isolée, d'un arbre, d'une
haie, pour tirer avec plus d'avantage sans se
compromettre. Toujours debout, ils se présen-

taient à découvert, et se seraient crus déshonorés
s'ils avaient usé de quelque ruse de guerre.
Dans la suite, ils devinrent plus prudens, et
acquirent un sang-froid admirable par l'habitude
qu'ils avaient d'aller au feu. Les Espagnols
faisaient une prodigieuse consommation de poudre et souvent sans motif; la citadelle, la place,
le Mont-Jouich, le Fort-Pio, placé à quelque distance de la mer en avant de la citadelle, faisaient
un feu nourri, et criblaient de bombes et d'obus
les maisons occupées par nos troupes.

Le général Mina avait confié le commandement de Barcelonne au général suisse Roten,
qui devint la terreur des habitans. Cet étranger
se montra cupide et cruel : des exactions inouïes,
des exécutions sanglantes, furent ordonnées par
lui. Le général Mina, véritablement malade ou
qui feignit de l'être, n'ordonna jamais rien qui
pût laisser aucun souvenir odieux. Chose rare ;
ce chef, dont les pouvoirs étaient immenses,
se comporta avec assez de modération pour qu'à
sa chute on n'ait point essayé de se venger par

de cruelles représailles : aucune réaction ne fut tentée contre lui, lorsque nous entrâmes dans Barcelonne.

Nous étions informés par des espions de ce qui se passait dans la ville. Privés de toute communication avec la campagne, quelques habitans de Barcelonne obtenaient parfois des laissez-passer pour venir visiter leurs habitations. Ils s'attendaient à les trouver pillées, abîmées. Quelle fut leur surprise, lorsqu'ils n'aperçurent aucune trace de désordre, lorsqu'ils virent qu'aucun fruit n'était dérobé, que les oranges, les citrons, les grenades, restaient suspendus aux arbres. Leur étonnement était extrême, et ils ne pouvaient s'imaginer comment on pouvait obtenir cette discipline, au moyen de laquelle les propriétés étaient respectées à ce point, de conserver intacts des fruits rafraîchissans sous un climat brûlant. Le secret était dans la sollicitude constante de l'autorité supérieure, dans l'excellente administration des intendans militaires, dans la bonne harmonie

qui régnait entre eux et les officiers-généraux,
et, pour notre division, dans l'activité infatigable
et ingénieuse à trouver des ressources du sous-
intendant militaire baron Sermet.

La solde, les distributions abondantes de vivres et de vin faites aussi régulièrement que
dans la garnison, ôtaient au soldat tout prétexte
de s'emparer de ce qui ne lui appartenait pas,
et cette discipline s'obtint naturellement, sans
efforts, sans qu'il fût nécessaire d'employer
aucune punition sévère. Le soldat est juste par
nature. Il est reconnaissant des soins qu'on a
pour lui. S'il voit qu'il est difficile de pourvoir
à ses besoins, s'il en reconnaît l'impossibilité,
il ne demandera ni argent, ni vivres; il n'exigera
que de voir ses chefs partager sa misère et s'occuper de pourvoir à un meilleur avenir. Un mot
d'intérêt lui fera oublier une mauvaise position,
et prendre gaîment son mal en patience.

Quelque chose que l'on puisse dire, on n'ar-
rivera jamais à louer assez la discipline et la
loyauté de cette armée. Depuis les officiers-gé-

néraux qui commandaient de longues lignes,
jusqu'aux sergens, qui, détachés et pouvant
échapper à la surveillance, commandaient des
postes de huit hommes, tous furent inaccessibles à des propositions qui, faites secrètement,
auraient pu les enrichir. Des négocians firent
des offres considérables d'argent pour laisser introduire des marchandises ou des vivres dans la
place, qui commençait à ressentir des besoins. Ils
éprouvèrent partout des refus. Si la probité
n'est qu'un devoir, il n'en est pas moins vrai
qu'il est rare encore de trouver beaucoup d'hommes qui fassent leur devoir, dans un siècle où
tout semble sacrifié à l'argent. On peut dire que
si l'armée entra en Espagne sans peur, elle en
sortit aussi sans reproche.

CHAPITRE XXIV.

—

Un jour, au lever du soleil, un bataillon de chaque régiment prit les armes, mais ce jour-là c'était avec tristesse. Le canon des remparts de Barcelonne se taisait ; l'œil ne distinguait pas au loin ces rayons soudains qui, venant à se briser dans le canon poli d'un fusil ou sur la garde étincelante d'un sabre, revèlent malgré eux des tirailleurs en marche. Rien n'annonçait une sortie de l'ennemi ; tout était silencieux. Les compagnies débouchaient par les chemins creux, et l'on n'entendait aucun propos joyeux, aucun lazzi de soldat ; rien que le bruit monotone d'une marche cadencée.

Arrivés à la place d'armes, les divers détachemens formèrent une troupe nombreuse. Alors la musique, les tambours, retentirent au loin, et la colonne se mit en marche avec la pompe militaire accoutumée. Elle prit un chemin en arrière de nos lignes, arriva dans une plaine bornée par une montagne stérile, et se forma en bataille. Tous ces soldats étaient amenés par leurs chefs, pour être témoins d'une exécution. Un malheureux tambour-maître devait être fusillé. Il était convaincu de désertion à l'ennemi. La loi est positive ; la mort devait expier son crime.

Dans ce lieu funeste, dans ce champ de mort, une fosse était préparée. Le malheureux parut escorté d'un détachement de son régiment. Il s'avança ferme à la mort ; rien ne trahissait son émotion. Ce pauvre Martin, disait-on, mourir si jeune ! Et si vous saviez pourquoi il avait voulu déserter !

Ce n'était, je vous jure, ni par amour pour les constitutionnels, ni par haine pour la couleur de son drapeau. Aucun chef injuste n'avait non plus blessé son amour-propre de soldat. Il était aimé et estimé de tous. Explique qui pourra cette fatale destinée qui le poussa à risquer sa vie, à mourir fusillé pour avoir voulu passer à l'ennemi.

Martin était un des meilleurs tambours de l'armée. Tous les soirs, lorsque le vent apportait à son oreille le roulement des tambours de la place de Barcelonne, il souriait de pitié, haussait les épaules et s'écriait : « Quelles batteries ! » Peu de temps après on le vit triste, soucieux; mille idées vinrent le tourmenter et fermentèrent dans sa tête. De hauts politiques rêvent la régénération d'une nation : lui rêva une réforme dans les marches espagnoles. Il se vit entrant dans Barcelonne à la tête de ses tambours, suivi, admiré, chef d'école enfin ! Il engage quelques uns de ses camarades à passer avec lui à l'ennemi.

Trahi par l'un d'eux, arrêté entre nos vedettes et les vedettes espagnoles, il fut traduit par-devant le conseil de guerre, qui ne fit qu'appliquer la loi.

Le matin du jour où il allait mourir, plusieurs de ses camarades le visitèrent dans sa prison, et l'engagèrent à boire. « Pourquoi cela? dit-il, pour m'étourdir? J'allais tous les jours au feu à jeun; je puis bien y aller encore cette fois! » Un aumônier vint lui donner les dernières consolations, qu'il accueillit avec respect. On vint l'avertir que le moment était venu : il marcha d'un pas assuré. Arrivé à l'endroit fatal, il distribua à ses amis quelques effets à l'usage des soldats, son couteau, une épinglette, une patience, et dit à l'un d'eux, né dans le même village que lui : « Tu reverras ma vieille mère, et tu lui diras que je suis mort fusillé, mais sans être dés-honoré; je n'avais rien fait pour cela. Tu lui diras que je suis mort comme un brave soldat, digne du numéro de mon régiment; n'est-ce pas, mon colonel?... » Tout le monde était violemment ému. On admirait cette douceur, cette résignation dans ce jeune homme, qui s'en allait à la mort comme en congé, quittant la vie comme il aurait quitté son régiment s'il eût fini son temps.

On lui présenta un mouchoir pour se bander les yeux. Il le refusa, demanda pour dernière grâce de commander le feu; on la lui accorda. Le peloton s'avança; d'une voix sonore il prononça les paroles de mort. Au mot feu! douze balles lui traversèrent le corps. Les différens détachemens défilèrent devant son cadavre palpitant. Deux sapeurs le poussèrent dans la fosse creusée à l'avance, le recouvrirent de terre et tout fut fini.

CHAPITRE XXV.

Clers.

PARLER longuement des travaux de l'investissement, ce serait faire le récit de combats d'avant-postes et de tirailleurs, où ceux qui étaient engagés firent constamment preuve de valeur et d'intelligence ; mais ces attaques réitérées de part et d'autre n'amenèrent aucun résultat décisif. Plusieurs sorties eurent lieu : une seule fois nos lignes furent forcées ; le général Curial se mit à la tête d'un bataillon, prit l'ennemi en flanc, et peu d'instans suffirent pour reprendre notre position.

Cependant un combat mérite d'être rapporté, parce qu'il fut le prélude d'événemens importans pour le quatrième corps. Depuis quelques nuits, les Espagnols lançaient autour de la place des pots-à-feu, qui, éclairant une partie de leur ligne et les remparts, attiraient sur ce point toute notre attention. Nous apprîmes que le bruit se répandait dans la ville que nous devions tenter une escalade de nuit, et nous pensâmes qu'ils redoublaient de précaution pour parer à une attaque.

Le 10 octobre, à la pointe du jour, on aperçut de nombreuses colonnes déboucher par les portes de la citadelle et de la ville, descendre du Mont-Jouich, et s'avancer, protégées par un feu des plus vifs de toutes leurs batteries, sur San-Marti, San-André, le Clot, Gracia, Sans et l'Hospitalet. En un instant, les bataillons de réserve se réunissent sur les différentes places d'armes, l'artillerie est attelée, la cavalerie est à cheval; on se prépare à une vigoureuse défense. Les bombes, les obus, les boulets, déchirent l'air, sillonnent la plaine, brisent les oliviers à l'abri desquels se mettent les tirailleurs, démolissent les maisons où logeait l'infanterie. Depuis trois mois que nous étions en présence des Espagnols, nous n'avions jamais eu une attaque si générale, si vive, une marche aussi déterminée. Leur principal effort se porte sur la gauche, défendue par le général de Vence, brave et calme dans le danger. Il contient l'ennemi, que ses troupes peu nombreuses, disséminées sur une longue ligne, suffisent à peine pour repousser. Ses rapports lui apprennent qu'un débarquement a eu lieu hors de la ligne d'investissement, et que trois mille hommes ont quitté Barcelonne dans la nuit pour prendre terre sur notre extrême gauche; une flotille composée de bâtimens légers longeait la côte, et rentrait paisiblement dans le port.

L'attaque qui continuait à être vive, l'incertitude où l'on était sur la direction de leur marche, ne permettaient point de dégarnir notre ligne pour envoyer sur-le-champ des troupes à leur poursuite. La colonne ennemie devait-elle nous tourner et nous prendre entre deux feux, ou marchait-elle au secours des places fortes du nord qu'elle voulait tenter de ravitailler? Cette conjecture était la plus probable, car une lettre du gouverneur de Figuères, adressée au général Mina, étant tombée entre nos mains, nous fit connaître l'état de détresse dans lequel se trouvait la garnison de cette place. Une reconnaissance fut envoyée pour avoir des rapports plus circonstanciés : au bout de quelques heures, on sut que cette colonne, commandée par le général Fernandez, avait pris le chemin des montagnes, et se portait sur Hostalrich et Figuères pour débloquer ces deux places, ou leur donner du secours. Le bataillon d'émigrés, qui comptait trois cents Français, faisait partie de cette expédition.

La position du général de Damas devenait critique. Cet officier-général, resté devant Figuères avec peu de troupes, devait être attaqué par des forces si supérieures, qu'il lui eût été difficile de ne point opérer un mouvement rétrograde. Un officier fut immédiatement envoyé pour le prévenir.

Nous combattîmes tout le jour pour conserver nos positions ; l'attaque ne se ralentit qu'au commencement de la nuit : aussitôt, trois bataillons et deux cents chevaux partirent, sous les ordres du général Nicolas, à la poursuite du général Fernandez. C'était hardi à ce général de traverser quarante lieues de ce pays occupé par les Français, et dont les populations étaient hostiles aux constitutionnels. Le baron de Damas ne pouvait disposer que de peu de monde : par un bonheur inouï, six cents jeunes soldats, appartenant à différens régimens, arrivaient de France, et passaient sous les murs de Figuères. Il s'en empara aussitôt. Instruit que l'ennemi était à Besalu avec des forces supérieures, il envoya une reconnaissance de cinq cents hommes, avec ordre d'éviter tout combat. Mais un capitaine d'état-major, homme ardent et entreprenant, commandait cette troupe, et l'engagea avec la colonne du général Fernandez. Le capitaine d'état-major fut tué : la reconnaissance culbutée se rejeta sur le général Damas, qui fut obligé de la soutenir avec beaucoup de monde. Ce ne fut qu'après plusieurs charges brillantes de cavalerie que l'ennemi s'arrêta. A une attaque aussi impétueuse, à une vigueur à laquelle les Espagnols n'avaient point habitué leurs ennemis, on devina que leur tête de colonne était composée de Français. Enfans de la même patrie, suivant chacun un drapeau différent, c'était une affreuse extrémité que celle de combattre les uns contre les autres; mais du moins la lutte eut lieu sur une terre étrangère.

La nuit mit fin au combat, et le baron de Damas fit occuper le chemin de Canavellas qui conduit à Figuères. Le lendemain au point du jour, l'ennemi déboucha avec impétuosité, força le passage, et, malgré un feu des plus vifs, s'avançait avec audace, lorsque le général Maringoné s'empara du plateau de Llers, où se livra un combat acharné. Les émigrés Français se battaient en héros, avec le courage du désespoir. Plusieurs charges à la baïonnette eurent lieu, sanglantes, et la victoire demeurait indécise, lorsque le général Fernandez aperçut la tête de colonne du baron Nicolas, qui accourait en toute hâte avec sa cavalerie et ses voltigeurs. Il comprit que toute résistance devenait inutile, et demanda à capituler : les Français demandaient à mourir. Un homme de cœur, un brave comme eux, un homme fidèle à sa foi aujourd'hui, comme eux à leurs croyances, M. de Chièvres, aide-de-camp du baron de Damas, le même qui figurait il y a quelque temps sur le banc des accusés vendéens, les pressa d'accepter une honorable capitulation. Sur la parole du baron de Damas, homme de conscience, sur les instances de M. de Chièvres, ils consentirent à se rendre ; c'était assez de sang versé. Ce dut être un beau jour pour ceux de nous qui, la cocarde blanche au front, vainqueurs, mais généreux après une lutte acharnée, furent assez heureux pour convaincre des Français combattant sous un autre drapeau, d'accepter la vie, et de la garder pour la patrie. (Note 3.)

Dans les guerres civiles, ceux qui croisent bravement leur épée sont toujours sûrs de se comprendre, car il est rare que dans un soldat il n'existe pas des sentimens généreux. Mais dans les révolutions, les haines et les ressentimens sont toujours plus violens chez ceux dont la main n'a jamais manié le fer, et dont la poitrine ne s'est jamais présentée aux balles. Ceux-là suivent à la piste les soldats, pour profiter de leur victoire. Ils ressemblent au chacal, cet animal d'Afrique, qui, trop faible, trop timide pour tuer, suit le lion pour lécher les restes d'un sang qu'il n'aurait su verser.

CHAPITRE XXVI.

La Capitulation.

CEPENDANT les événemens se pressaient dans la Péninsule : battus sur tous les points, ne trouvant aucune sympathie dans les populations des campagnes, le découragement s'empara des constitutionnels. Ils ne purent, dans aucune province du royaume, organiser des guérillas pour défendre la cause de la constitution. Au contraire, en Catalogne, les terribles Somatenès descendaient des montagnes, et prenaient les armes pour Ferdinand.

Comme il y avait impossibilité d'opérer rien de décisif avec de l'artillerie de campagne sur une place comme Barcelonne, on fit quelques préparatifs pour commencer le siége. On débarqua à Mataro de grosse artillerie; mais Pampelune étant tombée sous les canons du maréchal Lauriston, ce maréchal se mit en route pour arriver devant Barcelonne avec tout son matériel de siége. Il traversait la Navarre et l'Aragon, et déjà il était à Lerida, lorsque nous reçûmes la nouvelle officielle de la délivrance de Ferdinand. Des salves d'artillerie furent tirées sur toute la ligne en signe de réjouissance : c'était à l'entrée de la nuit; Barcelonne en tressaillit. Les constitutionnels pensèrent qu'un grand événement avait dû arriver; et le lendemain, un parlementaire se présenta à nos avant-postes : il apprit que Ferdinand était libre. La nouvelle en fut portée au général Mina, qui proposa lui-même sa soumission. Saria, quartier-général du maréchal Moncey, fut le lieu où se débattirent quelques questions importantes. Les généraux Curial et Berge traitèrent de la capitulation avec les envoyés des constitutionnels.

Le 3 novembre les articles furent signés ; et le lendemain, à quatre heures du matin, toutes les troupes qui formaient le blocus se réunirent sous les murs de la place, pour faire leur entrée dans Barcelonne.

Ce jour-là Barcelonne, l'antique Barcino, la capitale du pays des Lacétaniens, où s'étaient reposés Annibal et Scipion, sur les tours de laquelle avaient flotté des enseignes si diverses dans les temps anciens, dans les temps modernes et de nos jours, Barcelonne était belle à voir. Animée par une nombreuse population qui inondait la Rambla, vaste boulevard qui la sépare en deux parties, Barcelonne capitulée avait pourtant un air de fête. Ses habitans voyaient sans effroi des troupes étrangères, car la conduite de l'armée avait conquis l'estime de toutes les opinions.

Privés de toute communication avec la campagne depuis l'investissement, les habitans de la ville sortaient joyeux, et quittaient avec ivresse les murs où ils avaient été prisonniers si long-temps. Sur la physionomie expressive des Catalans, on lisait qu'ils étaient heureux d'être délivrés du joug de Roten. Le peuple voyait sans déplaisir le retour du gouvernement absolu, que devait probablement rétablir Ferdinand ; chez les femmes, la curiosité l'emportait sur toute autre idée. Nos régimens si beaux, nos soldats qui n'avaient en rien l'air de farouches vainqueurs, attiraient leurs regards ; aussi les colonnes étaient serrées, encadrées par la foule. Lorsqu'elles débouchaient sur la muraille de mer, qu'elles se rangeaient en bataille, depuis l'Arsenal jusqu'au palais du Roi, suivies de cette immense population, que les airs si gais de France retentissaient au loin, tandis que les plus jolies femmes de la ville se pressaient aux fenêtres des nombreux palais qui bordent la Méditerranée, nos troupes avaient l'air de prêter à une fête le luxe de leurs brillans uniformes et de leurs couleurs si diversement variées.

Vrai! ce jour-là, la ville de Barcelonne était belle à voir!

Dans son port, où se balançaient quelques vieux vaisseaux captifs depuis trois mois, entraient à pleines voiles les bâtimens de l'escadrille française, pavoisés comme aux grands jours, franchissant la barre en bondissant sur la vague; tandis que la *Marie-Thérèse*, la plus belle frégate de la marine, se tenant au loin, avait l'air de rallier au port les bricks et les goëlettes, comme un alcyon qui veille sur ses petits. Ce jour-là vous eussiez vu tous les canots de pêcheurs s'élancer à la mer comme une troupe de jeunes cygnes; leurs voiles blanches disparaissaient entre deux lames, pour reparaître ensuite, et leur longue ligne formée en croissant entourait le port, d'où ils n'avaient pu sortir depuis long-temps.

Les privations que l'on avait éprouvées pendant le blocus firent apprécier davantage encore les charmes d'une grande ville qui offrait mille ressources de plaisir. De jolis logemens, d'excellentes auberges, un bon spectacle, firent promptement oublier les fatigues de la campagne.

Le théâtre était fort suivi. Le théâtre italien comptait quelques talens de premier ordre.

D'assez bonnes traductions de tragédies, de drames, de comédies françaises, remplaçaient les anciennes comédies espagnoles; ce qui charmait par-dessus tout, c'était cette danse espagnole si justement vantée. Tous les soirs nous voyions avec un nouveau plaisir le Bolero et le Fandango. « *Fandango! Fandango por los realistas! Fandango por los officiales franceses!* [1] » criait le parterre, fier de nous montrer cette danse nationale si renommée, et qui plaît autant aux Espagnols que leurs combats de taureaux.

Au lever du rideau se dessinent immobiles et gracieux le Bolero et la Bolera, Rafaël et la Pepita. Rafaël porte une chupa (veste) de satin orange parsemée de paillettes; ses poches brodées, sa rézille, rappellent l'habit de Figaro sur

---

[1] Le Fandango! le Fandango pour les royalistes! le Fandango pour les officiers français!

nos théâtres. La main gauche sur la hanche, le bras droit en l'air, il attend quelques mesures de l'orchestre pour voler au-devant de la Bolera. Pepita a la même attitude que lui : on dirait deux jolies statues qui posent pour un peintre. Ils s'élancent tous les deux, voltigent, s'éloignent, se rapprochent ; Rafaël poursuit Pepita, mais en vain ; la Bolera lui échappe au moment où il va la saisir. Rafaël semble lui demander grâce, car il met un genou en terre et suit de la tête tous ses mouvemens, tantôt lents, tantôt précipités. Pepita, légère, insaisissable, tourne et bondit autour de lui. Comme sa basquine est éblouissante ! comme son avantal, semé d'étoiles d'or, suit les mouvemens ondulés de son corps souple et gracieux ! Dans ses mains et dans celles de Rafaël, les castagnettes retentissent sans cesse, se mélant à l'air vif et cadencé du Fandango. Mais la Bolera ralentit ses pas ; Rafaël se relève, la poursuit encore ; Pepita semble vaincue, un bond la fait disparaître, et Rafaël s'élance encore après Pepita.

Des fêtes brillantes, données par les Espagnols et rendues par les Français, prouvaient
assez la bonne harmonie qui régnait entre l'armée et les habitans de Barcelonne.

La délivrance de Ferdinand amena donc la
reddition de Barcelonne, et ainsi fut terminée
la campagne de Catalogne. Le quatrième corps
eut de fréquens engagemens avec les troupes
constitutionnelles. Le maréchal Moncey, avec
peu de monde, tint bloquées les places de Fi-
guières, de la Seu, d'Hostalrich, de Barcelonne,
de Tarragone, harcela constamment les lieutenans du général Mina. Le but de ses opérations
fut de les empêcher de se jeter sur les derrières
du général Molitor, qui s'avança hardiment en
Andalousie par une marche rapide, et, par un
combat décisif, amena d'importans résultats
pour la campagne dans le midi de l'Espagne.

CHAPITRE XXVII.

L'Armée d'occupation.

LA campagne de 1823 terminée, les points les plus importans furent confiés à des divisions françaises, qui restèrent trois années en Catalogne, en Navarre, dans la Biscaye, la Castille et l'Andalousie. Barcelonne, Pampelune, Saint-Sébastien, Vittoria, Burgos, Madrid et Cadix, furent occupés par nos troupes. L'armée, étrangère à tout esprit de parti, intervint entre les royalistes et les constitutionnels, et fut souvent utile pour contenir l'exaspération des différentes opinions. Bien que la discipline la plus sévère continuât à être rigoureusement observée ; que rien ne pût choquer ni les mœurs, ni les usages, ni les croyances des Espagnols ; que notre séjour répandît de l'argent dans les provinces où nous tenions garnison, il était cependant facile de s'apercevoir que nous commencions à être vus avec défaveur. Impatiens du joug étranger, quelque doux qu'il puisse être, et certes rien ne décelait le vainqueur exigeant, mais bien l'allié loyal et fidèle, les Espagnols n'en désiraient pas moins nous voir quitter leur territoire. Leur esprit national et leur fierté ne les abandonnèrent jamais, et ils le témoignaient dans les moindres circonstances.

Nous fûmes convaincus que les opinions sont trop tranchées pour que l'on puisse créer un parti mixte qui marche entre les deux seuls qui dominent en Espagne. Ces deux partis sont : les absolutistes ou apostoliques, partisans de la monarchie absolue, qui veulent le roi absolu, *el rey absoluto*; les constitutionnels, qui veulent la constitution proclamée dans la guerre de l'Indépendance.

A la première opinion appartient le clergé, qui domine de toute sa puissance et sans partage d'autorité les populations des campagnes et des villes de la plus grande partie des provinces d'Espagne, à l'exception de quelques villes du littoral de l'Océan et de la Méditerranée. C'est l'immense majorité de la nation.

Les constitutionnels ont pour eux une partie du haut commerce des villes maritimes, et quelques familles riches et anciennes. Ces grands d'Espagne qui suivent la ligne révolutionnaire ressemblent à ces familles de France dont l'illustration, qui remonte aux temps les plus anciens de la monarchie, rend leur conduite inexplicable. Fiers de leurs blasons, courbés sou poids des faveurs de la cour, revêtus de l'hermine du législateur, on a vu quelques uns de ces illustres rejetons, transfuges au camp du peuple, dans les temps d'adversité de nos rois. A chacun son rôle. Leur condition est d'être monarchiques, de défendre et non de démolir la royauté. Classés dans l'ordre social par leur naissance, leurs idées premières, leurs goûts, leur orgueil, ils mentent à leur origine lorsqu'ils veulent conquérir une popularité douteuse qui les fait renier de tous.

En rentrant en France, nous présagions des jours sinistres à l'Espagne; nous pensions que des réactions auraient lieu, car trois années n'avaient point effacé totalement les souvenirs de haine contre la conduite des constitutionnels. Il paraît que rien de sérieux n'éclata. Le gouvernement comprima, mais n'étouffa point les ressentimens qui fermentaient au fond des cœurs. C'est de l'Espagnol que l'on peut dire :

Manet altá mente repostum !

Il n'oublie jamais. Le temps seul pouvait diminuer des haines profondes. Malheureusement des événemens se préparaient, qui allumèrent les flambeaux de la guerre civile dans ce royaume, dont le peuple ne sommeille jamais que les armes à la main.

1833.

CHAPITRE XXVIII.

———

Barcelonne.

Dans les premiers jours de 1833, j'allai à Madrid par Barcelonne et Valence, curieux d'observer les changemens que dix années de paix avaient dû amener dans ce beau royaume, qui serait si riche et si puissant, s'il ne subissait les conséquences des temps de troubles dans lesquels nous vivons ; si , dégagés d'inquiétudes, de soucis, un roi ferme et des ministres habiles, occupés des améliorations à introduire dans les diverses branches d'économie politique, pouvaient porter une attention constante au bien - être du pays.

La paix avait produit déjà d'immenses résultats. La tranquillité régnait dans toutes les provinces. Les deniers rentraient dans le trésor public sans difficulté ; les revenus de l'État étaient peu considérables, mais suffisaient aux dépenses, et le peuple n'était point foulé par l'impôt. Le commerce avec la France avait repris une nouvelle vigueur. Une armée peu nombreuse, mais fort belle, s'était formée, et suffisait pour occuper toutes les places fortes et maintenir en temps ordinaire les populations belliqueuses et inquiètes du nord de l'Espagne. Le gouvernement encourageait l'industrie ; il y avait progrès et amélioration sensibles.

Plusieurs usines s'étaient créées dans la vallée de Beselu , sur le chemin qui mène de Tolosa à

Pampelune. La manufacture d'armes d'Ibarra dans le Guipuzcoa avait repris une activité inaccoutumée. Les mines de cuivre de la Navarre, celles de fer si riches du pays d'Alava, étaient exploitées par des compagnies pourvues de nombreux capitaux. Le gouvernement favorisait les progrès de l'industrie. Un immense couvent des environs de Madrid fut concédé à M. Dolfus de Mulhausen, pour y fabriquer des toiles peintes. On accorda à cet honorable industriel l'entrée sans droits de quarante mille pièces de coton. Des ouvriers espagnols travaillant avec les Alsaciens apprenaient un art jusque-là inconnu dans la Péninsule, et étaient destinés à le répandre dans les provinces. Malgré la guerre de la constitution et l'occupation, l'Espagne cicatrisait des plaies profondes.

Quelques villes s'étaient singulièrement embellies. Vittoria avait vu s'élever des maisons de la plus jolie apparence, autour d'une place nouvellement bâtie. Un quartier neuf se terminait. La Florida s'était encore agrandie. Burgos avait ajouté du développement aux promenades qui bordent les rives de l'Arlançon.

Une amélioration qui doit produire de grands résultats pour le commerce, faciliter les communications d'une province à une autre, établir des relations fréquentes avec la France, c'est la création d'excellentes diligences servies avec la rapidité de nos malles-postes, et qui parcourent toutes les grandes routes d'Espagne. Deux fois par semaine, des voitures partent de Madrid pour Valence et Barcelonne, Saragosse, Séville, Cadix, Valladolid, Burgos, Bayonne, Badajoz, Guadalajara, Aranjuez, Tolède et les habitations royales. Dans toutes les auberges sont affichés les tarifs du prix et de la composition des repas qui doivent être servis aux voyageurs. L'autorité surveille avec un soin particulier l'exécution du traité fait, dans l'intérêt du public, avec les maîtres des posadas qui se sont engagés à être toujours prêts à recevoir les voyageurs.

Sur cette route étroite et d'une blancheur qui fatigue la vue, s'élève un nuage d'une poussière

épaisse qui laisse une longue trace derrière lui.
Des bruits de sonnettes se font entendre, des
cris perçans dominent un bruit sourd, et qui se
rapproche rapidement ; c'est la diligence de Madrid, traînée ou plutôt emportée par huit mules
au galop, chargées de clochettes et couvertes de
pompons de laine jaune et rouge. Écoutez les
cris de cet homme qui, un long fouet à la main,
court à leurs côtés, excitant l'une, l'appelant
de son nom, c'est *la capitana ;* l'autre en la
menaçant, c'est *la marquesa ;* celle-ci en allon-
geant un coup éclatant sur ses flancs amaigris,
c'est *la duquesa ;* celle-là de la voix : *Anda !
anda ! la morena !* Cet homme si vif, si alerte,
qui fait au pas de course six ou sept lieues d'Espagne, c'est *le zagal.* Il ne se repose qu'aux
montagnes en sautant légèrement à côté du
mayoral, qui tient les deux rênes des mules du
timon. Voyez le postillon avec sa veste brune et
ses manches étroites au poignet, bariolées jusqu'au coude de couleurs bleu de ciel, jaune,
rouge, et ce dessin à palmes en soie nuancées,

brodées au milieu du dos ; c'est la veste courte, le dolman des anciens Maures conservé dans sa coupe primitive. Des tromblons, des carabines, suspendus à l'impériale, battent le long des panneaux : ce sont les armes des *escopeteros*, qui, assis sur la voiture, l'escortent, et font en cas de besoin le coup de fusil contre les voleurs qui attaqueraient la diligence. Les escopeteros sont presque tous d'anciens chefs de bandes qui, fatigués du métier et craignant les suites de cette vie périlleuse, passent marché avec l'administration des diligences royales, pour que désormais leurs anciens compagnons, sur lesquels ils conservent de l'ascendant, n'attaquent jamais la voiture avec laquelle ils ont traité. C'est une espèce d'abonnement, d'assurance, contre le vol à main armée.

On raconte l'histoire suivante sur un des escopeteros de la diligence de Madrid à Bayonne. Juan était chef d'une bande embusquée ordinairement dans les défilés de Somo-Sierra : son audace et son adresse l'avaient rendu redoutable ;

la police avait mis sa tête à prix. Juan, du reste, n'avait jamais versé de sang : il allait, avec son fils, demander l'aumône poliment, chapeau bas, le fusil à la main, à la portière des voitures. Fatigué de cette vie de dangers, Juan se rendit un jour sur la route déserte de l'Escurial, par laquelle devait passer M. Calomarde, ministre de grâce et de justice. Il arrêta sa voiture, et se nomma. Le ministre tressaillit à ce nom redouté; mais Juan lui observe que, bien que sa vie soit entre ses mains, il n'usera pas de violence. Il lui promet de renoncer à son métier de voleur, s'il peut obtenir sa grâce : M. Calomarde la lui promet. A un jour convenu, la grâce de Juan et des papiers en règle sont déposés dans un lieu indiqué; mais Juan, rentrant dans la vie privée, avait perdu son état. Il retourne chez M. Calomarde, à qui il prouve logiquement qu'il lui faut une place, puisqu'il avait volontairement abandonné celle qui lui procurait des moyens d'existence. Le ministre, vaincu par la candeur de Juan et ses excellentes raisons, le plaça comme escopetero à l'administration des diligences royales. Juan a justifié les bontés de son protecteur. Rarement, la voiture qu'il est chargé de défendre et d'escorter est attaquée. Dans un voyage à Madrid, le mayoral aperçut deux hommes à cheval, sur la route inhabitée d'Alameda à Buytrago. Juan et son compagnon s'élancèrent, le fusil armé, sur ces deux personnages dont la mine était fort suspecte, et les forcèrent à s'éloigner. Juan est poli et prévenant pour les voyageurs, mais on ne peut s'empêcher d'un sentiment d'effroi, lorsque l'on connaît ses antécédens, et que l'on se trouve sous la protection de Juan, à qui sa tournure martiale, d'épais sourcils, d'énormes favoris et un regard louche donnent un aspect vraiment redoutable.

Cette facilité que trouvent les étrangers pour voyager en Espagne n'est pas encore assez connue. Les résultats deviendront importans pour la Péninsule. Beaucoup de préjugés disparaîtront de part et d'autre. Les villes de l'Océan et de la Méditerranée, qui présentent tant de charmes par leur position et la douceur de leur climat, seront plus souvent visitées. Les habitans du Nord quitteront un ciel brumeux pour le soleil d'Andalousie. On recherchera avec empressement les antiquités romaines et les monumens qui marquent d'une manière si pittoresque le séjour des Arabes. Les parvis de l'Alhambra seront, comme ceux d'Herculanum, foulés par de nombreuses caravanes ; l'argent importé par les étrangers servira à leur procurer le bien-être et le confortable qui manquent encore. L'Espagne enfin, pays presque inconnu, sera le but des voyages des gens riches et des artistes, comme l'Italie l'est aujourd'hui.

Une diligence parcourt en peu de temps la distance de Perpignan à Barcelonne. Cette route offre des sites curieux : on s'arrête à Figuères, à Girone, dont le siége, qui dura neuf mois, coûta tant d'efforts, en 1809, aux troupes de Napoléon. Mariano Alvarez de Sotomayor, par la défense héroïque de la place qui lui était confiée, a laissé un nom cher aux Espagnols.

Au nombre des jolis villages que traverse la route de Girone à Barcelonne, il est difficile de ne point remarquer Calellas, renommé par ses eaux minérales, placé sur le bord de la mer, adossé à un rocher élevé; joli hameau, entouré de citronniers, orné de maisons à l'italienne, délicieux point de vue qui ressemble à ces décorations de théâtre où, sur une toile étroite, le peintre a entassé d'heureux accidens recueillis dans de nombreux souvenirs.

La Catalogne avait pour capitaine-général un homme qui, comme tous les hommes énergiques et attachés à leurs devoirs; a été en butte à d'atroces calomnies. Le comte d'Espagne administrait cette province avec impartialité, et travaillait avec ardeur à tout ce qui pouvait développer les progrès de l'industrie, du commerce et de l'agriculture. Il prévoyait un changement funeste dans la marche du gouvernement, et tâchait, par ses conseils, d'arrêter les progrès rapides d'une révolution. Il faisait de vains efforts pour ouvrir les yeux de son souverain sur les dangers qui menaçaient l'Espagne : pour prix de ses sages conseils, il fut tout à coup exilé. Le comte d'Espagne travaillait à l'embellissement de la ville de Barcelonne. Un jardin botanique en face de la Bourse, une place régulière, au milieu de laquelle on remarque une fort belle statue de Ferdinand, élevée de ses propres deniers, témoignent assez de sa sollicitude envers une ville dont le commandement et l'administration lui étaient confiés. Ce qui prouve en faveur du comte d'Espagne, c'est qu'il était aimé du peuple catalan, dont il est difficile de conquérir l'affection, car il est ombrageux et mobile dans ses sentimens.

Barcelonne possède un théâtre italien excellent, supérieur à celui de Madrid, rendez-vous de toute la société. L'hiver, de fort belles fêtes ont lieu dans les salons de la Bourse.

L'hiver aussi, le clergé donne des fêtes religieuses qui attirent beaucoup de monde. On annonce qu'un *funcion* doit avoir lieu dans une église indiquée. Chaque paroisse prépare à son tour une pareille solennité. L'église est magnifiquement décorée, illuminée avec un goût et un luxe inouïs. La fête commence par un sermon prêché par un prêtre ou un moine connu par son talent. Une musique religieuse, des chants graves, un orchestre composé d'excellens musiciens, forment un concert ravissant. Ces pieuses harmonies produisent beaucoup d'effet sur les Espagnols, qui assistent régulièrement à ces fêtes.

De Barcelonne, la route s'enfonce dans l'intérieur des terres, gagne Villafranca, Arbos et Vendrell. On admire partout une nature vigoureuse, une belle culture, un peuple robuste. A Torredembarra, on se rapproche de la mer pour ne plus la quitter jusqu'à Valence. C'est la route que suivit Annibal, qui partit de Carthagène pour marcher sur Rome. On passe sous l'*Arco di Barca*, monument élevé, dit-on, par un des lieutenans de ce grand capitaine.

Tarragone, sur un rocher stérile qui domine la mer, offre le point de vue le plus remarquable de tout ce littoral. L'ancienne *Tarraco*, colonie des Scipions, siége de l'empire romain en Espagne, qui donna son nom à l'Espagne citérieure ou tarraconaise, voit se briser à ses pieds une mer quelquefois furieuse, d'autres fois douce et calme, bleue comme l'azur d'un ciel pur, ou noire comme les nuages chargés de tempêtes, qu'elle réflète fidèlement dans ses flots. Avant d'arriver à Tarragone, les antiquaires remarquent un monument parfaitement conservé, la Tour des Scipions : les pierres, posées sans ciment, ont conservé leurs arêtes vives, et sont dorées par un soleil brûlant et par un ciel conservateur.

Des remparts de Tarragone, l'œil plane sur une immense étendue de côtes, et découvre comme sur une carte gigantesque les caps, les golfes, les anses, les baies, les profondes dentelures, de la côte de Catalogne : à gauche le cap Gros ; à droite le cap Salou, qui s'avance comme une longue jetée, pour protéger Cambrils, dont les maisons blanches s'enfoncent dans la baie, et bordent la mer, qui vient caresser de ses flots expirans sur une plage sablonneuse, les nombreux canots de ses pêcheurs.

Avant d'arriver à Perello, sur une montagne escarpée, se dessine l'ermitage de Nuestra-Señora de la Aurora, célèbre par ses pélerinages. On laisse à droite Tortose, l'ancienne *Dertosa*, connue par ses carrières de jaspe.

A Burjasenia, on passe l'Èbre dans une barque : vaseux et sale, ce fleuve se perd dans un terrain immense que l'on nomme les Alfaques, qui, défriché et assaini, deviendrait précieux pour l'agriculture.

Amposta, dernière ville de la province de Catalogne, à l'embouchure de l'Èbre, est située dans le voisinage d'un étang renommé par la quantité de poisson que l'on y pêche. Les marais qui l'entourent occasionnent quelquefois des fièvres pestilentielles fort dangereuses.

De Barcelonne à Amposta, les voitures voyagent sans escorte. A Amposta, elles sont accompagnées d'escopeteros. C'est un sujet inépuisé de

plaisanteries entre les Catalans et les Valençais,
que cette précaution qui commence à l'entrée
du royaume de Valence. Le pays désert que l'on
parcourt, plus que le caractère des habitans,
impose la nécessité de voyager armé.

La Cénia sépare la Catalogne du royaume de
Valence. Ces deux provinces dépendent de la
couronne d'Aragon.

CHAPITRE XXIX.

Valence.

La route côtoie constamment le bord de la mer; le pays est triste et inhabité. Les montagnes, incultes, ne produisent que des palmiers nains, des lauriers et des bruyères. Le voyageur n'est distrait que lorsque, après avoir atteint la croupe d'une montagne, il découvre au loin la mer, et derrière lui la route qu'il vient de parcourir qui se déroule, serpente, et se perd derrière l'escarpement d'un rocher, pour reparaître encore, animée par une caravane de muletiers.

Le costume des Valençais diffère de celui des Catalans. Le long bonnet incarnat est remplacé par un mouchoir rayé, noué autour du front, et qui laisse à découvert les cheveux sur le sommet de la tête. Ils portent un jupon de toile blanche attaché par une ceinture, une guêtre écossaise qui serre le mollet et laisse à nu le pied chaussé d'une espadrille; sur leur épaule flotte une couverture blanche rayée de carreaux bleus. Les femmes sont nu-tête, et retiennent leurs cheveux avec de longues aiguilles d'argent. Elles sont grandes, bien faites, et se livrent aux travaux des champs avec les hommes, dont elles partagent la fatigue. Il n'est pas en Europe de peuple plus laborieux et plus intelligent que les Valençais. La culture a, dans cette province, atteint un degré de perfectionnement qui laisse bien loin derrière elle les cultures de Flandre et de Belgique. Si les Valençais sont favorisés par le climat, il est juste de dire aussi qu'ils font tout ce qui est nécessaire pour seconder, par un travail assidu, la fertilité du sol. Leur système d'irrigation, le même que celui des Maures, est admirable. Chaque propriétaire reçoit à des jours et à des heures fixes l'eau, qui séjourne sur son terrain et coule ensuite fertiliser les champs voisins.

Les petites villes de Vinaroz; Bénicarlo, ornée de jolies promenades, célèbre par ses vins, dont elle fait un grand commerce; Alcala de Chisbert, Torreblanca, Oropesa, Nulès, n'offrent rien de remarquable. On traverse les villages d'Almenara et de Llorsa, et l'on arrive à Murviédro, bâtie sur les ruines de l'ancienne Sagonte. (Note 4.)

En quittant Murviédro, et à mesure que l'on se rapproche de Valence, les villages se multiplient. Ils apparaissent de tous les côtés, blancs ou dorés, comme les villa d'Italie, dans la plaine qui s'élargit, dans les vallées fraîches et ombreuses, sur les montagnes qui, défrichées, dépouillées de plantes et d'arbustes inutiles, cultivées jusqu'au sommet, sont couvertes d'oliviers et de figuiers. Les terres sont soutenues par des murailles : on dirait des jardins aériens protégés par des terrasses sans nombre. Les villages de Tarnals, Masamagrell, de l'Emperador, d'Albalat, de Tabernas, tous riches, populeux, bâtis avec luxe, traversés par une route admirable, vous mènent jusqu'au Guadalaviar, sur lequel sont jetés cinq ponts qui donnent entrée à Valence.

Si vous aviez vécu dans la Huerta de Valencia, pays le plus fertile de l'Espagne, le plus délicieux de l'Europe ; si vous aviez respiré cet air si pur, si suave ; si vos yeux avaient été accoutumés à cette verdure fraîche et de teintes variées ; si vous aviez été habitué à voir le luxe de végétation de ces plaines continuellement arrosées par une eau pure et jaillissante, dérobée au Xucar et au Guadalaviar ; si vous aviez vu ces bouquets de palmiers couverts de dattes dorées, au milieu de ces champs qui produisent toute l'année des melons monstrueux et des légumes ex-

quis; si le soir vous vous étiez enivré de cet air
embaumé des citronniers et des orangers toujours
couverts de fleurs et de fruits, alors vous eussiez voulu naître dans la Huerta, y vivre et n'en
jamais sortir.

C'est au milieu de la Huerta que s'élève Valence, la ville aux rues étroites au-dessus desquelles flottent des draperies tendues; la ville
aux terrasses ombragées d'orangers qui dessinent
leurs pommes d'or sur des murs peints à fresque;
Valence au peuple remuant, vindicatif, passionné, qui, dans une fête, vous menace du
poignard après vous avoir accueilli par un sourire. Dans ses rues, vous voyez circuler de jeunes
et jolies filles, aux yeux noirs, aux sourcils ar-
qués, au teint pâle, aux pieds effilés, envelop-
pées dans leurs mantilles, suivies de *majos* dra-
pés de manteaux bruns, le sombrero sur l'oreille;
des religieux vêtus de noir, de gris, de brun,
de blanc, de bleu; des Franciscains et des Frères
de la Merci, des Augustins déchaussés et des Tri-
nitaires, des Hiéronymites et des Capucins, des

Carmes et des Minimes ; des Frères de l'Agonie, de l'ordre de saint Philippe de Néri, de saint Sébastien, de saint Paul, de saint Antoine ; et le dimanche, lorsque les cloches de ses seize paroisses, de ses trente-quatre couvens, appellent ses soixante-cinq mille habitans aux offices, que le soir la foule se précipite en habits de fête à la place des Taureaux, qui s'élève en amphithéâtre vers l'Alaméda, alors Valence se présente à vous comme le portrait fidèle d'une ville d'Espagne, animée à la fois de son esprit religieux et de son goût passionné pour ces fêtes que l'on ne voit qu'au-delà des Pyrénées.

L'Alaméda et la Glorieta, délicieuses promenades, sont ombragées par des arbres rares en nos climats. Des allées de citronniers et d'orangers constamment chargés de fleurs et de fruits, des haies de myrte qui entourent un jardin planté de palmiers, d'yuccas, de cédras, de pamplemousses, de grenadiers, courbant leurs rameaux sous le poids de fruits monstrueux, forment un coup d'œil ravissant.

En face de l'Alaméda, une route superbe mène au Grâo ou port de Valence, petit et peu sûr. La distance de Valence au Grâo se parcourt dans de jolies voitures qui stationnent à la porte de l'Alaméda. Depuis quelques années, des travaux considérables s'exécutent dans le port afin de le rendre meilleur, et de faciliter le mouillage de bâtimens plus considérables que ceux qui y arrivent aujourd'hui.

Hors de la ville, sur une petite place, s'élevait un monument consacré à la mémoire du général Ellio, qui, victime de sa fidélité à Ferdinand, mourut fusillé par les constitutionnels. Ce monument reste inachevé. Sans doute on aura craint de fatiguer les yeux de ceux qui firent tomber Ellio sous leurs balles. Son fils a reçu du roi un titre qui vaut mieux que celui d'une principauté : il se nomme *el marques de la Lealtad*, le marquis de la Loyauté. Heureuse la nation chez laquelle un souvenir glorieux remplace une récompense pécuniaire.

La cathédrale est vaste, ornée de quelques

monumens et de chapelles décorées avec plus de richesse que de goût. Du haut de sa tour, appelée *el Miguelete*, on embrasse un coup d'œil ravissant, un des plus beaux points de vue d'Espagne; au loin, la mer, la Huerta dans toute son étendue et ses incomparables beautés, les montagnes du royaume de Valence, d'abord collines fertiles qui s'abaissent jusque dans la plaine, puis montagnes arides et nues qui grandissent et ferment l'entrée de cette province en la séparant de Murcie et de la province de Cuença. A droite se dessinent, encadrés par le Guadalaviar et le Xucar, les marais immenses d'Albuféra, affermés par la couronne. C'était l'apanage d'un de nos plus célèbres maréchaux, Suchet, dont le nom est redit avec respect et reconnaissance par les habitans de Valence, à cause de l'intégrité de son administration. Loin de la France, on est fier d'entendre vanter les hautes vertus de ceux qui l'ont illustrée. (Note 5.)

En quittant Valence pour prendre la route de Madrid, les villages de Massanassa, Catarroja,

Alginete, Alcudia, Montartal, sont si rapprochés les uns des autres, qu'ils semblent faire partie des faubourgs de Valence, ajoutant encore à la beauté de ce pays, dont la description ne pourrait jamais assez faire soupçonner les merveilles. Un ambassadeur étranger s'écriait, en traversant la Huerta : « Dans ce pays fortuné on ou- « blie tout : on n'a plus de patrie, plus d'affaires ; « on n'est plus ni mari, ni père, ni ami ; on n'est « plus qu'un être isolé de ses semblables, s'eni- « vrant des beautés de la nature, savourant le « bonheur de l'existence. »

On passe le Xucar dans une barque entre Al- berique et Carcajente : les montagnes commen- cent, la fraîcheur de la Huerta diminue ; mais Sellent et Montessa sont encore dans le climat doux et tempéré du royaume de Valence. On foule encore cette terre dont il est dit : *Tierra de Dios ; ayer trigo, y hoy arroz.* Terre de Dieu ; hier du blé, aujourd'hui du riz.

En se rapprochant des hautes montagnes qui séparent le royaume de Valence de la province

de Murcie, le terrain devient plus sec, les arbres plus rares et moins vigoureux. On arrive
au Puerto ou défilé d'Almanza. On gravit péniblement la montagne; et sur l'immense plateau
qui domine le royaume de Valence, la température change subitement : l'air est vif, souvent
froid; soit que les vents qui courent dans ces
plaines nues et sans arbres arrivent avec toute
leur force sans être brisés; soit que, passant sur
les neiges de la Sierra-Morena, ils fondent à
l'improviste, piquans et glacés. Suivons l'exemple
des habitans du pays, enveloppons-nous de nos
manteaux, le proverbe nous y invite. *Murciano,
toma la ropa*. Habitant de Murcie, prends ton
manteau.

Le Puerto est un de ces lieux destinés par la
nature et marqués par la main des hommes à
servir de point de retraite et de défense aux armées, qui y trouvent des positions stratégiques
en temps de guerre. Le 2 juin 1808, le maréchal Moncey s'établit au bas du Puerto, après
une attaque infructueuse sur Valence.

Si le Puerto d'Almanza présente des positions importantes, il est aussi un lieu de refuge pour les voleurs et les contrebandiers. Il est rare qu'il se passe quelque temps sans que la bande qui a le privilége d'exploiter ce défilé ne rançonne les voyageurs et les voitures publiques. A deux lieues du Puerto, au milieu d'une plaine assez fertile, à quelque distance de la petite ville d'Almanza, s'élève une colonne qui rappelle la célèbre bataille d'Almanza gagnée par Philippe V contre les Anglais, les Autrichiens et les Portugais, le 25 avril 1707.

Traversons rapidement le nord de la province de Murcie, où l'œil fatigué ne trouve pour se reposer qu'un sol rougeâtre et sans végétation. El Bonete, el Villar, villages misérables, n'offrent rien de remarquable. Arrivons à Albacete, célèbre par ses marchés, où se réunissent les négocians de Valence, de Murcie, de Jaën, de Grenade, de Cordoue, de l'Estramadure; Albacete, ville espagnole, aux rues sinueuses, aux maisons élevées, aux couvens grillés.

Cette ville vient de s'embellir d'une magnifique place de Taureaux; ses habitans fabriquent ces poignards si vantés, larges et tranchans, et ces couteaux finement trempés, dont un ressort pousse en avant une lame longue et effilée, qui a peine à se refermer sous une main inhabituée à manier le cuchillo di campaña : on dirait la langue d'un tigre, qui, sortant de sa gueule, ne voudrait y rentrer qu'après avoir tâté du sang.

Minaya, premier village que l'on trouve dans la Manche, el Provencio, Pedroneras, el Pedernoso, nous conduisent sur les lieux célèbres par les aventures de don Quijote. Voici, à droite, les moulins enchantés dans lesquels le héros de Cervantès croyait combattre les géans. Ici le petit bois d'yeuses où il attendait, les yeux au ciel, la lance à la main, le résultat de l'entrevue qu'il avait fait demander à Dulcinée par son fidèle écuyer. Plus loin, l'hôtellerie où il fut armé chevalier. Et là-bas, ce hameau isolé dans la plaine ne fixe-t-il pas plus que ne le ferait la plus belle ville, l'attention du voyageur? Ce clocher, c'est celui du Toboso.

Dis, Cervantès, pourquoi avoir pris pour théâtre des exploits de ton héros, le pays le plus triste du monde? Ton génie devinait donc la célébrité que tu attacherais à cette province où, sans toi, jamais le voyageur n'eût souri? Tu as donc voulu jeter sur son passage la joie et la gaîté là où il n'eût trouvé qu'ennui et tristesse? Merci, bon Miguel! Tu devais être, Miguel, un aimable compagnon dans les camps; toi, poète ingénieux; toi, si vaillant soldat, qui nous racontes que, prisonnier cinq ans et demi, tu as appris à souffrir patiemment l'adversité! *Fue soldado muchos años, y cinco y medio cautivo, donde aprendio à tener paciencia en las adversidades!* Et lorsque ta barbe et tes moustaches d'or blanchirent avec l'âge, *las barbas de plata, que no ha veinte años que fueron de oro,* tu appelas à ton secours cette philosophie que tu avais puisée dans tes jours de détresse; car tu fus toujours malheureux, pauvre Cervantès! Con-

sole-toi, Miguel de Cervantès, ta mémoire vi-
vra aussi long-temps que les cavernes des sierras où Cardenio, par ses plaintes amoureuses,
arrache encore des larmes à ton lecteur!

Les petites villes de Quintanar de la Orden,
Corral de Almaguer, Villatobas, appartiennent
à la Castille nouvelle, et dépendent de la province de Tolède. La ville d'Ocaña, célèbre par
la bataille sanglante livrée en 1809, possède, au
bas de la colline sur laquelle elle est bâtie, des
bains romains parfaitement conservés.

Ce n'est pas une des choses les moins remarquables de l'Espagne que cette brusque transi-
tion d'une température douce et chaude à une
atmosphère glaciale, d'un sol stérile à un terrain riche et fertile; c'est ce qu'il est impossible
de ne point remarquer, lorsqu'après avoir quitté
Ocaña et ses champs arides, on descend dans la
vallée du Tage, où l'on trouve Aranjuez, habitation royale embellie par les travaux des rois
d'Espagne; vallon enchanteur, rafraîchi par les
eaux limpides du Tage, dont les bords sont om-

bragés d'arbres séculaires d'une hauteur prodigieuse. Un goût parfait a présidé aux travaux qui ont fait des jardins d'Aranjuez les plus agréables promenades du monde.

Le palais commencé par Charles-Quint a été continué par Ferdinand VI et Charles III. Les terrasses sont baignées par le fleuve, qui entretient dans cette vallée une fraîcheur inconnue dans toute autre contrée de l'Espagne. Aranjuez est une des plus belles résidences royales qui existent en Europe.

Six lieues séparent Aranjuez de Madrid. On passe le Jarrama, on traverse Valdemoro, et l'on arrive à Madrid par le magnifique pont de Tolède et la porte d'Atocha.

CHAPITRE XXX.

Madrid. — Ferdinand VII.

La capitale du royaume d'Espagne avait aussi participé aux bienfaits d'une paix de dix années. Madrid voyait des constructions nouvelles embellir ses places et ses rues. Un magnifique théâtre s'élevait en face du palais du roi. Les idées de sévérité qui proscrivaient jadis à la cour les spectacles, avaient disparu. Le roi, la reine, les infans, étaient vus souvent au théâtre italien et à la comédie espagnole. Des fêtes se donnaient au palais, et le luxe qui y était déployé vivifiait le commerce de la capitale. Les infans assistaient à tous les bals, à tous les concerts, plaisirs inconnus autrefois à ces princes, dont la vie monotone et sévère se passait dans les maisons royales où régnait l'ennui.

Sur les deux théâtres de Madrid, celui del Principe et celui de la Crux, se jouent alternativement les opéras italiens et les comédies espagnoles. Les vaudevilles de M. Scribe ont assez de succès, bien que ces pièces soient dépouillées de ce qui fait leur charme principal, les couplets et la musique. Les saynètes, copies chargées de la vie privée, excitent parmi les spectateurs une gaîté qui gagne même les étrangers ; car les acteurs possèdent à un haut degré le talent de l'imitation des scènes populaires. La gravité castillane ne tient point devant ces prologues, qui ne sont que des scènes décousues, des tableaux sans action, mais qui trouvent de la sympathie dans tous les rangs et dans tous les âges. Une comédie

fort remarquable, *Marcella*, laisse bien loin derrière elle les anciennes comédies espagnoles.
L'accueil fait à cet ouvrage, destiné à produire
une heureuse révolution dans le théâtre espagnol, présage des succès à ce genre, jusque-là
peu connu, copie fidèle des mœurs du jour.

Pour ceux qui avaient vu en 1823 l'armée
régulière espagnole, et qui la revoyaient dix ans
plus tard, il y avait une différence telle, qu'elle
paraît difficile à croire. Les soldats espagnols, qui
se présentaient aux officiers français sous un aspect si défavorable, sales, mal équipés, mal
habillés, sont aujourd'hui aussi bien tenus que
les soldats de nos régimens. L'infanterie de la
garde royale porte à peu près le même uniforme
que celui de l'ancienne garde royale française.
Les hommes qui composent ce corps d'élite sont
grands, et forment de beaux soldats. Plusieurs
régimens d'infanterie de ligne sont aussi beaux
de tenue et de propreté que les plus belles compagnies de nos régimens. L'Espagne doit renoncer à avoir des corps de grosse cavalerie : les che-

vaux qui conviennent à cette arme sont rares. La cavalerie légère trouve plus facilement à se remonter. Le génie et l'artillerie ont toujours été deux armes distinguées; aujourd'hui, leur bonne tenue en fait des corps qui ne laissent rien à désirer. L'armée compte au plus quarante-deux mille hommes. En 1832, vingt-deux régimens de milice venaient d'être licenciés : l'argent manquait pour les payer. Ferdinand, n'ayant point de chambres à sa disposition, ne pouvait, malgré sa dénomination de roi absolu, créer de nouvelles charges, et augmenter l'impôt. Cette impuissance du roi absolu est une amère critique de ces gouvernemens populaires qui, sous le balancier de chambres complaisantes, frappent à volonté monnaie sur les contribuables.

Ce serait une étrange erreur de croire que la cour de Madrid, qui suit encore les erremens de Philippe V pour ce qui concerne le cérémonial et l'étiquette, soit d'un accès difficile. Le château est entouré de nombreuses vedettes; des postes de la garde veillent à toutes les issues; mais les factionnaires laissent le passage libre à tout le monde. Ces cuirassiers, ces grenadiers à pied, ces gardes-du-corps, ces hallebardiers, sont plutôt institués pour la splendeur du trône, que dans le but d'une odieuse défiance contre le peuple de Madrid. Dans cette cour fastueuse, où des baise-mains, des réceptions, des cérémonies imposantes, ont lieu souvent; sur ces escaliers où se pressent les ambassadeurs, les prélats du royaume, les grands d'Espagne, les généraux, les chambellans, vous rencontrez, échelonnés jusqu'aux portes des appartemens du roi, des pauvres couverts de haillons, qui exposent des plaies dégoûtantes, et allongent des mains décharnées pour recevoir une aumône des mains blanches et délicates des princesses du sang royal. La reine a ses pauvres; le roi donne à ceux qu'il trouve sur son passage. C'est l'enseignement d'une haute philosophie que de voir tous ces malheureux réfugiés sous les riches portiques, appuyés contre les colonnades de jaspe du palais, attendant un denier de la main de leur seigneur et maître.

Telle est la maison de Bourbon, qui se rappelle que, parmi ses glorieux ancêtres, l'un d'eux pansait les blessés et secourait les infirmes de ses mains saintes et royales.

Il y a un sentiment monarchique profondément gravé dans les mœurs des Espagnols. Il leur faut un roi dont ils puissent parler avec respect. Il y a sympathie du peuple au roi. Lorsque, dans les rues, un écuyer ou un détachement de gardes annoncent le passage de la voiture royale, les promeneurs s'arrêtent, se découvrent, et il est facile de lire sur leurs physionomies qu'il y a chez eux plaisir à voir le roi, et nulle contrainte à rendre à leur souverain un témoignage de respect et d'amour. A chaque instant, des carrosses antiques, remplis de jeunes infans, traversent les rues; le respect du peuple est le même malgré leur jeune âge : c'est du sang royal ! il suffit, chapeau bas ! Comme il dit aussi, lorsque dans les rues une clochette annonce que le Viatique est porté à un malade, voilà le Bon-Dieu ! à genoux ! Et le peuple s'agenouille et s'incline respectueux, en se signant. Quand le prêtre, porteur de la sainte hostie, passe devant un poste, la garde prend les armes; deux soldats l'accompagnent au port d'armes, tête nue, tenant d'une main leur fusil, de l'autre leur bonnet d'ours, jusqu'au poste voisin, qui lui rend les mêmes honneurs. Dans ce pays le culte est solennel, ardent. Celui qui porte l'épée et la moustache fréquente les églises, ne craint point d'user de ses genoux les marbres des temples, et de frapper, avec humilité, une poitrine sur laquelle brillent des insignes militaires.

Ferdinand régnait encore; mais les derniers instans de sa vie devaient être funestes à la tranquillité de l'Espagne. On conçoit que la chute d'un colosse ébranle un empire. Il est dans la destinée des héros que le monde tremble à leur avénement et au moment où ils disparaissent; mais Ferdinand tomber avec fracas, et porter un si rude coup à son royaume et peut-être à la tranquillité de l'Europe! tel n'eût point dû être le destin de ce prince, qui ne devra sa célébrité qu'au temps où il a paru, et aucun éclat aux vertus que l'on est en droit d'exiger d'un souverain. Ferdinand donna constamment des preuves de faiblesse. Idole du peuple espagnol au moment de l'invasion de Napoléon, s'il eût eu l'énergie de se mettre à la tête de ses généreux sujets, il se fût fait un nom. Il se laissa charger de fers et emmener captif à Valençay, quand les Espagnols défendaient sa couronne en versant des flots de sang. Plus tard, on lui arracha une constitution : il se la laissa imposer, la jura de mauvaise foi, puis, libre, exila ceux entre les mains desquels il avait fait le royal serment.

Ferdinand, mort dans la force de l'âge, était d'une taille ordinaire. D'épais sourcils ombrageaient des yeux qui ne manquaient pas d'expression ; son nez caractérisait la race dont il était issu ; sa bouche enfoncée lui donnait un air sardonique. Il était aimé dans son intérieur, et avait pour la reine Marie-Christine un amour dont elle profita pour le dominer avec l'absolutisme d'une femme italienne.

CHAPITRE XXXI.

—

Marie-Christine.

Lorsqu'en 1828 Marie-Christine, fille de François Ier, roi des Deux-Siciles, et de Marie-Isa-
belle, infante d'Espagne, traversa la France
pour aller épouser Ferdinand VII, cette princesse reçut dans les provinces méridionales l'accueil dû à son rang. Accompagnée de sa sœur
madame la duchesse de Berry, elle charmait par
ses grâces tous ceux qui la voyaient. Arrivée à

la frontière, elle jeta un regard de regret et d'envie sur le beau pays de France, et fut reçue en Catalogne par le capitaine-général de cette province. De Barcelonne à Madrid, les fêtes les plus brillantes lui furent prodiguées. Jeune fille, elle quittait joyeuse et insouciante le peuple bruyant et animé de son pays, les Napolitains et les Siciliens, pour aller régner sur les froids et silencieux Castillans. La couronne lui semblait un brillant joyau de corbeille que lui offrait un roi; elle devait paraître légère à ses mains. Son front jeune et serein n'avait pas encore été pressé par le diadême; elle ne connaissait de la royauté ni les soucis amers, ni les chagrins dévorans.

Le peuple de Madrid la reçut avec ivresse. La reine à laquelle elle succédait, Marie-Amélie de Saxe, poussait la dévotion à l'extrême, et ne prenait jamais part aux fêtes publiques. Marie-Christine s'y mêla de bonne grâce, et en jouit avec plaisir. Le peuple attendit, pour la juger, qu'elle assistât à un combat de taureaux. La jeune reine y parut, et soutint courageusement cette épreuve terrible pour une femme qui n'est point Espagnole. Elle ne pâlit point en voyant couler le sang; au contraire, elle donna des marques non équivoques de satisfaction, agita son mouchoir, et partagea l'ivresse générale lorsque le matador mérita des applaudissemens. Le peuple de Madrid la compara à la Sajona (la Saxonne), qui jamais n'avait assisté sans se troubler à un pareil spectacle, et le peuple cria : *Viva la reyna !*

Plusieurs fois elle se promena au Prado, vêtue du costume simple et élégant des Andalouses. Voyons, dit le peuple, comme elle porte la mantille et la basquine ? Au bras du roi, Marie-Christine parut la plus jolie femme du Prado et du Paseo de las Delicias, et le peuple dit : La reine est la plus gracieuse et la plus jolie de toutes les femmes du royaume d'Espagne ! Et le peuple avait raison, car Marie-Christine, bien que d'une taille ordinaire, a une tournure remarquablement distinguée, la tête bien attachée, des yeux noirs remplis d'expression, un nez parfaitement fait, une bouche constamment gracieuse, et des cheveux noirs comme le jais.

Un jour, un soldat de la garde avait commis un crime qui encourait la peine de mort. Quelques antécédens intéressaient en faveur de cet homme. Le corps d'officiers adressa une requête au ministre de la guerre, le marquis de Zambrano, qui fut inexorable. La sentence allait être exécutée ; le malheureux devait être fusillé dans la matinée, et déjà les soldats de son régiment parcouraieut les rues, une sonnette à la main, demandant de porte en porte une légère aumône, afin de faire dire des messes pour le repos de l'âme du condamné, lorsque les officiers refusés par le ministre s'adressèrent à la reine. La grâce fut immédiatement accordée, et le pauvre soldat délivré de la peine de mort par l'intercession puissante de Marie-Christine. La nouvelle s'en répandit dans Madrid, et le peuple s'écria que la reine était aussi bonne qu'elle était belle! Marie-Christine devint populaire; des acclamations unanimes l'accueillirent lorsqu'elle parut en public. Après avoir conquis le peuple, elle s'empara du cœur de Ferdinand.

On raconte les anecdotes suivantes, qui font connaître les moyens à l'aide desquels Marie-Christine parvint à dominer l'esprit du roi.

Naturellement défiant, Ferdinand craignait que la reine ne voulût s'immiscer dans les affaires de l'État. La jeune princesse n'eut garde de témoigner le désir de s'occuper de politique. Napolitaine et adroite, elle habitua par de tendres soins et de constantes caresses le roi à ne pouvoir se passer d'elle. Au moment où se réunissaient les ministres, elle s'éloignait, affectant une grande réserve et une parfaite indifférence pour les affaires. L'appartement de la reine attenait à la salle du conseil. Dans les commencemens, elle laissa le roi seul ; elle se plaignit de l'ennui qu'elle éprouvait d'être séparée si long-temps de lui. Ensuite elle entra dans la salle, et vint dire quelques mots de tendresse au monarque, fatigué de graves et pénibles discussions ; puis elle laissa ouverte la porte de son apparte-

ment ; éloignée, sans être absente, elle partici-
pait déjà aux délibérations ; enfin elle vint s'asseoir au conseil pour ne plus jamais quitter le
roi. Par la suite elle prit aux délibérations une
part active, et finit par les diriger, ou au moins
sa voix fut toujours influente et souvent déci-
sive.

Ferdinand était jaloux. Comment chasser tout
soupçon de son esprit ? On dit qu'un officier de
la garde royale devint éperduement amoureux
de la reine. Rêvait-il, sous un monarque affaibli
par les maladies, la destinée des Leicester et des
Orloff, ou l'infortuné se laissa-t-il entraîner par
un sentiment irrésistible, sans calculer qu'amour
de reine peut donner la mort ? Avait-il cru lire
quelque sentiment de bienveillance dans les yeux
de sa souveraine ? c'est ce que tout le monde
ignore. Mais il présenta à la reine un bouquet
emblématique composé de couleurs rouge et
verte, langage symbolique connu des Espagnols,
qui signifie amour et espérance. Marie-Christine
le reçut, puis, s'élançant chez le roi, pâle et

émue, elle jeta sur la table le fatal bouquet en disant : « Voici ce que m'a donné don G.... » L'officier fut exilé à Ceüta, où il expie sous le ciel dévorant d'Afrique la hardiesse et l'imprudence d'avoir déclaré son secret.

Ces ruses de femme qui passent inaperçues dans les conditions ordinaires, acquièrent de l'importance sur le trône, puisque les moindres circonstances influent sur la vie des rois, et pèsent de tout leur poids sur la destinée des peuples.

Marie-Christine devint mère, et donna le jour à doña Isabella, princesse des Asturies, à laquelle Ferdinand légua sa couronne. La reine devint grosse une seconde fois : l'Espagne, l'Europe entière, on peut le dire, eût désiré que la naissance d'un prince vînt ôter tout prétexte de troubler l'ordre de succession, et que la couronne, transmise de mâle en mâle, fût remise sur la tête d'un prince héritier direct et légitime du trône d'Espagne, depuis qu'à son avénement Philippe V institua la loi salique, cette loi à laquelle l'Espagne doit sa force, puisqu'elle lui doit la réunion de ses divers royaumes, et qu'elle exclut les étrangers du trône. Avec quelle anxiété le peuple de Madrid attendait dans les premiers jours de l'année 1832 que le drapeau rouge fût hissé sur la partie la plus élevée du palais, télégraphe flottant, qui eût instruit sur-le-champ toute la capitale qu'un prince était né. Les avenues, les rues, les places qui mènent à la demeure royale étaient remplies d'une foule empressée et respectueuse qui palpitait d'attente. La Providence en décida autrement : une fille fut le dernier rejeton que donna Ferdinand.

La santé du roi s'affaiblit de jour en jour. La reine, dominée sans doute par le sentiment le plus impérieux que la nature ait mis dans le cœur d'une femme, par l'amour maternel, voulut fixer sur la tête de sa fille une couronne que son front ne ceindra peut-être jamais. Entourée d'hommes ambitieux qui espéraient posséder le pouvoir pendant une longue régence, elle fut facile à tromper, et jamais on ne lui fit connaître

les dangers auxquels elle exposait sa fille, les
suites sanglantes d'une collision entre le frère
du roi, don Carlos, héritier légitime, les malheurs auxquels elle allait livrer la nation qui
l'avait adoptée, l'Espagne, qui, sans les dernières volontés de Ferdinand, ignorerait aujourd'hui les horreurs d'une guerre civile longue
et sanglante.

Marie-Christine s'est crue appelée à faire luire
sur ce royaume des jours glorieux, pendant les
longues années de sa régence. L'orgueil de la
jeune femme, l'amour aveugle de la mère, son
inexpérience, l'ignorance où elle est des mœurs
de la nation espagnole, qu'elle n'a vue qu'au
théâtre et au Prado, ont été exploités par des
hommes ambitieux. Elle a été entourée de sé-
ductions. La faute, le crime, en sont à ceux qui
l'ont trompée, qui ont voulu faire de cette jeune
reine un instrument entre leurs mains, profiter
de son énergie, de la force de son caractère, pour
lui faire oser des choses injustes, qui ont exalté
ses sentimens, faussé ses idées. Ils ont dit à la

jeune femme : Le peuple est fier de vous ; le lion de Castille sera guidé par la main douce de la reine. Nouvelle Isabelle, vous commanderez l'amour de vos sujets. La tâche est facile ; vous donnerez votre nom au siècle qui marchera brillant de votre éclat.

Ils ont dit à la jeune mère : Pourquoi laisser Isabelle princesse du sang, lorsque vous pouvez l'asseoir sur le trône ? La régence ne sera point orageuse. Jeune, énergique, Marie - Christine façonnera la main de sa fille à porter le sceptre. Marie-Christine connaît son siècle : l'Espagne marchera entraînée à une régénération qui lui fera reprendre son ancien rang. Cette détermination, la politique la conseille à la régente ; le sentiment maternel l'ordonne à la mère.

Et Marie - Christine s'engagea dans une voie périlleuse ; et aujourd'hui elle connaît les soucis de la royauté, ses cruelles insomnies. Son cœur de femme est déchiré par mille sentimens qui lui seraient inconnus si elle se fût contentée des vêtemens de deuil de la veuve de Ferdinand, sans vouloir disputer un trône dont les marches sont déjà sanglantes. Elle a cru dominer, reine puissante ! Faible femme, elle est déjà loin du but, entraînée, foulée par des exigences insatiables, brisée peut-être avec ceux qui ont lancé sur cette terre semée de précipices le char sur lequel elle n'eût jamais dû monter.

CHAPITRE XXXII.

———

L'Infante Luisa-Carlotta. — Don Francisco
de Paula. — Don Gabriel.

Autour de la reine se groupent pour l'appuyer de leurs conseils et partager ses dangers si elle succombe et sa gloire si elle est heureuse, car le jugement que portera la postérité de sa conduite actuelle dépendra de ses succès ou de ses revers, plusieurs personnages qui ont plus ou moins d'empire sur elle. En première ligne, l'infante Luisa-Carlotta, sa sœur aînée, épouse de l'infant don Francisco de Paula. Cette princesse doit avoir une grande influence sur l'esprit de Marie-Christine, qui peut sentir le besoin de s'appuyer sur la popularité dont jouissent ces deux infans.

L'infante Luisa-Carlotta est belle, quoique avec un peu trop d'embonpoint peut-être; de beaux cheveux blonds ombragent un front majestueux et tombent en anneaux d'or sur un contour de visage parfait; une peau d'une blancheur éclatante, de beaux yeux bleus, une physionomie expressive, douce ou sévère, suivant les émotions de son âme, font de l'infante Luisa une femme qui serait partout admirée, même si elle n'était point entourée des prestiges du trône. Elle est de sang royal par sa tournure imposante; mais elle sait se dépouiller de son air de majesté, car elle est parfaitement bonne et adorée de tous ceux qui l'entourent. Cette princesse est douée d'une volonté ferme, d'une grande force de caractère. De nos jours, les femmes se sont faites hommes ; elles se précipitent à travers le danger, jouent hardiment avec le péril. On dirait que les filles du roi François 1er des Deux-Siciles ont épuisé sous le ciel brûlant d'Italie et aspiré à elles seules toute l'énergie qui devrait se trouver dans les rois de l'Europe. Elles possèdent l'audace qui ne réfléchit pas, le cœur qui conçoit de grandes entreprises, le courage qui les exécute. Pour de saintes causes ou pour de funestes ambitions, n'importe ! Ces vertus rares, elles fermentent dans le cœur des femmes issues des Bourbons de Naples.

Don Francisco de Paula, second frère de Ferdinand, est séparé du trône par don Carlos et sa nombreuse famille. En prêtant le serment à la jeune princesse Isabelle, ce prince n'en a pas moins donné à la volonté du roi, son seigneur et maître, un de ces exemples de soumission aveugle que l'on trouve dans la famille des Bourbons, dont tous les membres se regardent comme les premiers sujets de celui qui tient le sceptre.

Il a abdiqué ses droits, ceux de ses enfans et l'éventualité de la couronne pour sa postérité. Ces principes d'obéissance aveugle, les infans d'Espagne les puisent dans leur éducation. L'esprit de Philippe V s'est transmis dans sa famille. Étrangers totalement aux affaires de l'État, les infans ne sont investis d'emplois ou de commandemens que dans les momens de crise, où le souverain éprouve le besoin d'échelonner sur les marches du trône les princes de son sang, qui donnent l'exemple rare d'une soumission qui s'interdit toute réflexion, et de les placer comme boucliers devant sa royale personne.

Don Francisco ne connaît point les ennuis des affaires publiques ; il mène une vie toute de plaisirs. L'infante Luisa et lui forment un contraste frappant avec le reste de la cour. Ils fréquentent habituellement les promenades, les théâtres, les bals publics et de souscription qui se donnent l'hiver à Madrid. Don Francisco se fait remarquer par ses dépenses, son luxe, ses brillans équipages, sa bonhomie et son désir d'être utile. Bon, excellent, familier, rejetant bien loin l'étiquette sévère du palais, il encourage les artistes, parle à tout le monde, reçoit tous les placets, accueille toutes les demandes, rend tous les services possibles, et se fait adorer à Madrid, où on le voit passer sans cesse, saluant de la main et nommant chacun par son nom. Don Francisco jouit d'une véritable popularité.

L'infant don Gabriel-Sébastien, très jeune homme, amateur des beaux-arts, épousa, il y a deux ans, Marie-Antoinette de Naples, sœur de l'infante Luisa et de Marie-Christine; enfant qui vint, à l'âge de dix-sept ans, grossir le parti napolitain contre le parti portugais. Il est nécessaire d'expliquer ici que les fréquentes alliances des infans et infantes d'Espagne avec les cours de Naples et de Lisbonne, ont toujours amené des rivalités entre les princesses de ces deux cours; que l'infante Luisa et la reine éprouvaient peu de sympathie pour les princesses Marie-Françoise d'Assises de Portugal et la princesse de

Beïra, mère de l'infant Gabriel. Le mariage de ce jeune infant eut lieu en quelque sorte à l'insu de sa mère. Cette princesse eut à ce sujet avec le roi des scènes fort vives, à la suite desquelles elle se retira dans un couvent.

CHAPITRE XXXIII.

Don Carlos.

Don Carlos, héritier légitime et direct du
trône d'Espagne, roi par ses droits aujourd'hui,
est un prince entouré de l'amour et du respect
des uns, et en butte à la haine profonde des autres. D'une taille ordinaire, d'une physionomie
calme et difficile à impressionner; froid, grave,
silencieux, digne dans son maintien et ses gestes,
avare de paroles inutiles, le caractère de ce

prince doit plaire aux Castillans et aux Espagnols. Ses ennemis ne l'ont point épargné, et les calomnies l'ont assailli sans le déconsidérer. On a tenté de faire passer son silence pour de l'orgueil, son calme pour de l'hypocrisie, et sa piété pour du fanatisme ; tactique qui eût pu réussir dans un autre pays, mais l'Espagnol ne donne qu'à coup sûr sa haine ou son amour, et son esprit juste l'empêche de se livrer sans réflexion à de subites préventions ou à un enthousiasme qui n'aurait point de motifs. Quelques personnes ont voulu comparer le caractère de ce prince à celui du sombre Philippe II ; mais déjà le jugement que l'on porterait de lui, d'après cette ressemblance, serait complétement faux : don Carlos oppose à cette étrange similitude toutes les vertus de la vie privée. Don Carlos est le modèle des pères de famille : vivant au milieu de ses enfans, chéri de ceux qui l'approchent, don Carlos a une piété qui ne doit effrayer personne, car elle est pour lui seul. Il a toujours témoigné la plus grande indifférence pour ce qui touchait aux questions politiques, jusqu'au moment où, attaqué dans ses intérêts par le caprice de Ferdinand, dépouillé de ses droits dans sa personne et celle de ses enfans, il a protesté avec le respect dû à son souverain et la fermeté que donne la conviction et la foi d'une bonne cause. Il s'est éloigné sans causer le moindre ébranlement dans l'État, sans provoquer personne en sa faveur. Mais lorsque Ferdinand eut fermé les yeux, il parut armé de son droit. S'il monte sur le trône, ce sera sans intervention et sans secours étrangers.

Lorsque la famille royale sortit de Cadix, au milieu d'une haie de baïonnettes françaises, la joie d'échapper à une captivité qui eût pu avoir des suites plus dangereuses encore que la prison, était bien naturelle chez Ferdinand et chez les infans : ces princes la témoignaient hautement à tous les Français; lui seul, don Carlos, avait une réserve qui fut remarquée et appréciée des Espagnols. Il cessait d'être captif, mais il semblait regretter de devoir à des étrangers cette liberté qu'il eût voulu tenir des Espagnols. Son front était voilé d'une profonde tristesse; sa main ne toucha point celle de ses libérateurs : tout en lui décelait de douloureuses impressions.

Quelle que soit la destinée de ce prince, il est à croire qu'il n'appellera jamais à son secours que les vrais Espagnols qui ne veulent devoir leur salut qu'à eux seuls. Époux de Marie-Françoise d'Assises, infante de Portugal, princesse d'un haut courage, sœur de ces deux frères qui luttent avec acharnement l'un contre l'autre, don Carlos trouve dans le caractère et les vertus de l'infante de justes dédommagemens aux chagrins qui déchirent son cœur depuis qu'il a été séparé, par l'exil, de sa famille, qui a élevé entre elle et lui la barrière de l'injustice et des intérêts.

CHAPITRE XXXIV.

———

Politique.

FERDINAND viola la loi fondamentale établie en Espagne depuis 1713, sous Philippe V, lorsque ce prince changea l'ordre de succession. Cette loi fut décrétée dans l'assemblée de toutes les Cortez du royaume, qui n'avaient pas été réunies depuis long-temps.

Jusqu'alors, en vertu d'une loi qui se perd dans la nuit des temps, comme notre loi salique, les femmes parvenaient au trône de Castille lorsqu'elles y étaient appelées par la proximité du sang. Cette loi se nommait *castillane* ou *cognatique*, en opposition à celle nommée *agnatique*, qui a prononcé leur exclusion absolue. Si l'on compare la position des deux monarques qui ont, à deux époques différentes, changé l'ordre de succession, on verra que l'un, puissant parce qu'il venait de conquérir son royaume après douze ans de combats et de travaux, n'a point osé, sans l'assentiment de la nation, représentée fidèlement par toutes les Cortez de la monarchie, assemblées selon les anciennes coutumes, donner à l'Espagne une loi d'hérédité qui ressemblait à celle de la France. Le nouvel ordre de succession appela au trône les héritiers mâles, et n'y admit les femmes que dans l'absence totale des mâles de la maison régnante. Depuis cent vingt ans la succession avait lieu de mâle en mâle, sans qu'à l'avénement d'un nouveau souverain la moindre secousse s'opérât dans l'État.

Ferdinand, de sa propre volonté, sans s'appuyer sur la nation, a renversé la loi d'hérédité qui gouverne l'Espagne depuis plus d'un siècle! Les trônes peuvent être menacés par l'éruption démocratique, déracinés par l'orage populaire; mais qu'ils soient ébranlés dans leurs fondemens par ceux mêmes qui ont reçu la mission de veiller à leur conservation, c'est ce qui ne peut s'expliquer que par l'esprit de vertige qui s'est emparé de Ferdinand, lorsque dans son testament il a légué à l'Espagne des troubles sans fin.

Si l'attachement à l'ancien ordre de succession vivait dans quelques esprits, s'il s'était conservé religieusement chez quelques Castillans, si la nation eût été divisée au sujet de l'hérédité, il eût fallu en appeler à la nation elle-même, et dès-lors rassembler tous les grands, tous les titulos de Castille, tous les prélats et les députés de toutes les villes qui ont droit d'envoyer à l'assemblée des Cortez. Le clergé, la noblesse, et les échevins, qui représentent le tiers état, eussent discuté, approfondi et décidé la question en litige. Mais, au lieu des vrais représentans de la nation espagnole, quelques prélats, quelques nobles, reçurent l'ordre de venir prêter serment de fidélité à doña Isabelle. Presque tous étaient fonctionnaires publics : Ferdinand mit ces personnages entre leurs intérêts et leurs consciences ; les intérêts l'emportèrent.

Quelle ressemblance avait cette réunion, de laquelle était exclue toute indépendance, avec les anciennes Cortez où se discutaient librement, avec le sens droit et la fierté des Espagnols, les intérêts politiques ? Quelle ressemblance avec ces assemblées où toutes les classes de l'État étaient représentées ? Là il n'y eut pas même réunion ; aucune discussion n'eut lieu : ces soi-disant députés se présentèrent pour remplir une vaine formalité de foi et hommage. Ils exécutaient un ordre, jurèrent sur les saints évangiles, et se retirèrent ! Parodie dérisoire des discussions orageuses des assemblées libres de la vieille Espagne. Le serment fut demandé à tout ce qui était en place. Militaires, administrateurs, de tous, on exigea le serment. Un peuple consciencieux reçut la dangereuse atteinte de la corruption. On mit sa vertu sévère à la rude épreuve d'avoir à opter entre des emplois, des places, de l'argent, et un serment éventuel; car la reine eût pu avoir un fils, et dès-lors ce serment prêté par la peur, cette prétendue sanction arrachée par la crainte à des fonctionnaires qui pouvaient être dépouillés de leurs places, devenait à rien. On a faussé les consciences, et pourtant on a cru nécessaire d'appuyer d'un semblant de vérité cette décision enlevée par l'ambition à un monarque faible et malade.

Lorsque le décret absolu d'une volonté qui jusque-là avait été si maléable fut connu; lorsqu'ensuite, devant Dieu, des hommes séduits ou menacés eurent revêtu d'une espèce de sanction l'acte le plus illégal et le plus monstrueux, l'Espagne resta muette de stupeur. Frappée d'étonnement, elle ne trouva rien à balbutier pour défendre ses anciens droits. Silencieuse, elle attendit et se prépara au combat lentement. L'heure a sonné ; elle a saisi ses armes.

Que de haines vont se réveiller ! que de sang va couler ! De l'autre côté des Pyrénées s'établit la guerre civile avec toute la fureur méridionale. Elle sera longue, car elle précipite la nation dans cette vie aventureuse et toute de dangers qui semble être son élément. Elle combattra avec constance : pendant huit cents ans elle n'a point rompu ses faisceaux ; elle n'a pris de repos que couchée à côté de ses lances. Les imprudens qui n'ont point tremblé à l'idée de lui voir secouer la poussière de ses armes, ne se rappellent donc pas qu'il y a vingt ans elle a recommencé de rudes combats, et n'a déposé le fer qu'après avoir vaincu.

Dans nos tristes annales de dissentions civiles, nous savons qu'après le combat s'oublie la cause de la guerre : les Français ne peuvent haïr long-temps. L'attaque est impétueuse, le choc sanglant ; mais, après l'exaspération du moment, les têtes se calment, le cœur redevient froid : le vainqueur et le vaincu se donnent la main, se portent secours, et se racontent, avec orgueil et confiance, leurs actions éclatantes, leurs chances de succès, leurs craintes, leurs espérances. S'il y a apparence de retour au combat, ils se séparent sans haine personnelle, en se disant : « Au revoir sous les balles. » Il est impossible d'établir en France une guerre civile, c'est-à-dire une lutte opiniâtre et prolongée : soit parce que nous avons perdu notre virilité ; soit que nous soyons blasés sur le présent et insoucians sur l'avenir ; soit plutôt que nous ayons la conviction que le sang ne cimente aucune institution, et que chaque parti espère que la raison amènera pour ses opinions un triomphe certain et durable.

Mais l'Espagnol, comme une médaille qui a conservé la pureté primitive de ses traits, ses reliefs et toute son empreinte, apparaît encore parmi les nations modernes avec ses antiques vertus, son énergie, sa rudesse et son imperturbable sang-froid au milieu du grand mouvement européen. Sous Pélage, il emporta dans les ca-

vernes des Asturies les images révérées des chrétiens ; il aiguisa son glaive sur le fer de la croix,
et combattit les Infidèles. Plus tard, il opposa
son ardent catholicisme aux invasions de la
réforme. Sous Charles IV, il ressaisit les bannières de ses saints, invoque monseigneur saint
Jacques, et se débat sous les serres de l'aigle impérial jusqu'à ce qu'il l'ait chassé au-delà des
Pyrénées. Dix ans plus tard, on porte atteinte à
la religion de ses pères, on rit de ses vieilles
croyances; il rétablit ses prêtres et leur autorité.
Allez voir, suspendues aux voûtes de l'église de
Nuestra Señora d'Atocha, les bannières poudreuses de l'armée de la Foi, et vous lirez la
confession de toutes les provinces d'Espagne sur
ces drapeaux écartelés de croix de toutes couleurs, sur les armes de Navarre, de Castille,
d'Aragon, d'Andalousie.

Aujourd'hui, la guerre civile recommence : le
peuple, les masses s'effraient de la résurrection
d'un parti qui menace ses vieilles institutions et
sa religion; la nation se divise en deux camps,

La victoire peut rester indécise ; mais elle appartiendra à celui qui jettera dans la balance, avec son bon droit et les cartouches de ses guérillas, la croix d'Espagne qui a vaincu l'islamisme.

Appuyé sur le clergé, dont la puissance est infinie, l'influence justement acquise, parce que le clergé est le seul des ordres de l'État qui vive avec le peuple, s'occupe de lui, étudie et connaisse ses besoins, Charles V arrachera à l'usurpation un sceptre qu'elle tient d'une main mal assurée. Roi d'Espagne, Charles V n'a qu'à fouiller dans les archives du royaume : il y trouvera les conseils que Louis XIV donnait à son petit-fils ; il y trouvera des règles certaines à suivre pour ce qui concerne les intérêts monarchiques et ceux du peuple espagnol. Ces conseils, donnés, il y a cent vingt ans, par celui qui connaissait son métier de roi, sont applicables encore aujourd'hui à la position de Charles V, et peuvent le guider dans sa manière de gouverner un peuple dont les mœurs et les usages ont peu changé.

On lit dans le Mémoire remis par Louis XIV

à son petit-fils le duc d'Anjou, devenu roi d'Espagne sous le nom de Philippe V, partant pour Madrid, le 3 décembre 1700 :

1. « Ne manquez à aucun de vos devoirs, surtout envers Dieu.

3. « Faites honorer Dieu partout où vous aurez du pouvoir; procurez sa gloire, donnez-en l'exemple : c'est un des plus grands biens que les rois puissent faire.

4. « Déclarez-vous, en toute occasion, pour la vertu et contre le vice.

7. « Aimez les Espagnols, et tous vos sujets attachés à vos couronnes et à votre personne. Ne préférez pas ceux qui vous flatteront le plus. Estimez ceux qui, pour le bien, hasarderont de vous déplaire : ce sont là vos véritables amis.

33. « Je finis par un des plus importans avis que je puisse vous donner : Ne vous laissez pas gouverner; soyez le maître; n'ayez jamais de favori ni de premier ministre; écoutez, consultez votre conseil, mais décidez. Dieu, qui vous a fait roi, vous donnera les lumières qui vous sont

nécessaires, tant que vous aurez de bonnes intentions. »

Plus tard, Louis XIV écrivait encore, fin de décembre 1701 :

. . . . . « Votre patience était nécessaire. Il fallait faire voir, à des peuples naturellement inquiets et jaloux de leurs priviléges, que vous n'aviez pas dessein de les supprimer. Cette confiance leur inspirera plus de zèle pour le service de Votre Majesté, et il n'est que trop vrai qu'elle a besoin de l'assistance de tous ses sujets. »

Le 28 juillet 1702 :

« . . . . Je suis persuadé que vos sujets vous en aimeront davantage, et vous en seront encore plus fidèles, lorsqu'ils verront que vous répondez à leur attente, et que, loin d'imiter la mollesse de vos prédécesseurs, vous exposez votre personne pour défendre les États les plus considérables de votre monarchie. »

Le 10 septembre :

« . . . . . Il faut, pour votre gloire, travailler au rétablissement de vos affaires, et vous n'y parviendrez que par beaucoup de soins et par une extrême application. Vous ne voyez que trop où elles sont par la paresse des rois vos prédécesseurs. Leur exemple vous apprendra à réparer, par une conduite opposée, le préjudice qu'ils ont causé à la monarchie d'Espagne. »

Le 4 février 1704 :

« . . . . Ne vous renfermez point dans la mollesse honteuse de votre palais. Montrez-vous à vos sujets, écoutez leurs demandes, faites-leur justice, donnez ordre à la sûreté de votre royaume ; acquittez-vous enfin des devoirs où Dieu vous appelle en vous plaçant sur le trône. »

Le 20 août 1704 :

« . . . . Faites voir qu'il y a un roi en Espagne, et que vous y commandez. »

Le 16 novembre 1705 :

« . . . . Lorsqu'il s'agit de défendre une couronne, il faut, plutôt que de l'abandonner, perdre la vie. »

Le 5 août 1706 :

« . . . . Vos ennemis ne doivent plus espérer

de réussir, puisque leurs progrès n'ont servi qu'à faire paraître le courage et la fidélité d'une nation toujours également brave et constamment attachée à ses maîtres. Vos peuples ne se distinguent point des troupes réglées, et je comprends aisément que tant de preuves de leur amour pour vous augmentent la tendresse particulière que vous avez toujours eue pour eux ; elle leur est due, et je vous exhorte à leur en donner de fréquens témoignages, si je ne savais que vos sentimens à ce sujet sont entièrement conformes aux miens. »

Au milieu du mouvement européen qui, depuis quarante ans, s'opère sous nos yeux, dans cette lutte de l'ordre et du désordre, de la démocratie contre l'aristocratie, des priviléges des rois et de ceux des peuples ; lorsque, déchiré par les idées qui cherchent à se faire jour, le siècle finira par enfanter, et pour les peuples une sage liberté qui ne sera point la licence, et pour les rois une autorité non contestée qui ne sera point le despotisme, l'Espagne ne peut être long-temps sans suivre l'impulsion donnée d'un bout du monde à l'autre. Sans aucun doute quelques abus appellent une réforme, mais elle doit s'opérer lentement. Il faut la revêtir des formes qui doivent plaire au peuple en faveur duquel elle doit être faite. Que Charles V assemble les Cortez; que la nation parle au roi; que des mains d'une légitimité ferme et confiante dans ses forces retrempées dans l'assemblée de toutes les Cortez du royaume, découlent pour la nation espagnole les libertés qu'elle a connues dans les plus beaux temps de sa gloire. Que Charles V rompe avec ce système bâtard, cette politique peureuse qui fait crier merci à tous les rois de l'Europe; que l'Espagne fasse mentir ses ennemis, qui s'obstinent à la représenter courbée sous un joug honteux : il y a plus d'élémens de liberté dans une seule province d'Espagne, que dans toute l'Angleterre. L'esprit national de l'Espagnol n'est point abruti par la cupidité. Il n'est ni commerçant, ni nomade : c'est à ceux qui le gouvernent à diriger cette énergie qui reste concentrée en lui-même. Avec l'Espagnol on peut tout oser en lui parlant religion et liberté.

La royauté a été vue par les peuples, nue, dépouillée de ses prestiges, avec ses misères et ses faiblesses. Dans un temps où le peuple présente aux balles sa large poitrine pour conquérir, les rois seuls craignent de mourir pour conserver. Ils se voilent la tête pour ne point voir, et se croient à l'abri du danger. Le siècle dit : « Arrière les rois timides ! » Le siècle monarchique veut que les rois soient les plus braves et les plus instruits, qu'ils marchent en avant et non à la remorque, qu'ils dominent et qu'ils ne suivent pas, qu'ils entraînent la génération au lieu d'être précipités par elle. La génération, avide de sages libertés, leur crie la proclamation des Aragonais : « Nos que valemos tanto como vos, os ha- « cemos nuestro rey y señor, con tal que guar- « deis nuestros fueros y libertades : sino, no. »

NOTES.

NOTES.

—

Note 1 , Page 72.

Cérémonial observé lors de la remise aux Français de l'épée de François Ier, publié dans la Gazette de Madrid du 5 avril 1808.

S. A. I. le grand-duc de Berg et de Clèves avait manifesté à S. Exc. don Pedro de Cévallos, premier ministre d'État, le désir qu'aurait S. M. l'Empereur des Français, roi d'Italie, de posséder l'épée que François Ier, roi de France, rendit à l'empereur Charles V, après la bataille de Pavie. Cette épée était gardée, depuis l'année 1525, dans l'arsenal royal.

Sa Majesté Catholique informée du désir de l'Empereur, et voulant profiter de toutes les occasions de prouver à son intime allié la haute estime qu'elle a pour son auguste personne, et son admiration pour ses faits héroïques, résolut que ladite épée serait immédiatement remise à Sa Majesté impériale et royale, et jugeant que le grand-duc de Berg, formé à son école, et illustre par ses talens militaires, était plus digne que personne de se charger d'un dépôt si précieux, Sa Majesté ordonna que son grand-écuyer, le marquis d'Astorga, conduisît l'épée à l'hôtel de S. A. I. le grand-duc de Berg, de la manière suivante :

L'épée, placée dans un bassin d'argent, couvert d'un drap de soie, orné de galons et de franges d'or, fut déposée au fond d'un carrosse du Roi ; sur le devant se placèrent le surintendant de l'Arsenal, don Carlos Montargis, et son aide don Manuel, trésorier. Le carrosse, escorté par six valets de pied du Roi, en grande livrée, fut traîné par un attelage de six mules magnifiquement enharnachées.

Dans une seconde voiture ayant le même attelage et une semblable escorte, étaient Son Exc. le grand-écuyer, accompagné du duc de Parque, lieutenant-général des armées, et capitaine des gardes-du-corps : à la gauche de la voiture, précédé par un piqueur du Roi, était le grand-écuyer honoraire, M. Gonzalès. Un détachement de gardes-du-corps, composé d'un sous-brigadier, d'un cadet, et de vingt gardes , accompagnait les deux carrosses : quatre gardes ouvraient la marche , et les autres suivaient derrière la voiture où était l'épée.

Le 31 à midi, le cortége sortit de la maison du marquis d'Astorga , et se dirigea au palais du grand-duc de Berg. Dès qu'il fut arrivé , M. de Montargis prit le bassin où était l'épée , et , suivi de LL. EE. le grand-écuyer et le capitaine des gardes-du-corps , il se rendit dans le salon où attendait le grand-duc.

Le marquis d'Astorga prit alors l'épée , la remit à Son Altesse impériale , avec une lettre du Roi , et lui adressa un discours analogue à la circonstance auquel Son Altesse impériale répondit de la manière la plus flatteuse en prenant l'épée , et en se chargeant de l'envoyer à Sa Majesté impériale.

La cérémonie achevée , le cortége , dans le même ordre , reprit le chemin du palais de Sa Majesté , pour lui rendre compte de l'exécution de ses ordres.

(Histoire de la Guerre d'Espagne contre Napoléon
Buonaparte, par une Commission d'Officiers de
toutes armes établie à Madrid auprès de S. Exc.
le Ministre de la guerre.)

Note 2, Page 119.

Traité de Fontainebleau, conclu entre le maréchal Duroc, au nom de Napoléon, et le conseiller Izquierdo, au nom du roi d'Espagne, le 27 octobre 1807.

Art. 1er. La province de l'Alentejo et le royaume des Algarves seront donnés, en toute propriété et souveraineté, au prince de la Paix, qui prendra le titre de prince des Algarves.

Art. 5. La principauté des Algarves sera possédée par les descendans du prince de la Paix héréditairement et suivant les lois de succession qui sont en usage dans la famille régnante de S. M. le roi d'Espagne.

Note 3, Page 240.

M. Carrel faisait partie de l'expédition du général Fernandez. Je copie ici le rapport de la séance de la cour d'assises d'Eure-et-Loir. (*Affaire de M. de Chièvres.*)

M. Carrel est introduit, et s'exprime ainsi : « Je ne sais rien qui se rattache directement à l'affaire qui occupe la cour. Ce que j'ai à dire peut servir seulement à faire connaître M. de Chièvres comme homme de parti. La guerre de grande route, appelée *chouannerie*, suppose, chez ceux qui s'y livrent, des haines de parti violentes et du fanatisme religieux ou politique. J'ai eu personnellement l'occasion d'éprouver que M. de Chièvres n'a point ce fanatisme, et que c'est au contraire un homme de parti loyal, humain, généreux. Il s'agit d'un fait déjà vieux de dix ans.

« Vous savez, messieurs les jurés, que le drapeau tricolore a eu aussi son émigration, et les émigrations ne sont pas heureuses. En 1823, l'armée royale qui allait en Espagne renverser la Constitution des Cortez eut affaire, sur la Bidassoa, à une poignée de Français qui s'étaient serrés autour du drapeau tricolore, et, en Catalogne, à plusieurs centaines de réfugiés qui avaient pris la cocarde aux trois couleurs et l'uniforme des anciennes armées nationales. Un de ces corps, dont je faisais partie, essaya, dans le mois de septembre 1823, de pénétrer dans la forteresse de Figuères, investie par une division aux ordres du général Damas. Après deux jours de combats très sanglans, dans lesquels les deux tiers de mes camarades furent tués ou blessés, et dans lesquels aussi les régimens qui nous étaient opposés perdirent malheureusement beaucoup de monde, nous nous trouvâmes dans une situation à être obligés de nous rendre ou de nous faire tuer jusqu'au dernier.

« M. de Chièvres, alors aide-de-camp du général Damas, n'écoutant que son désir de faire cesser l'effusion du sang français, pénétra jusqu'à nous. Il se souvint que son père avait échappé à la funeste journée de Quiberon, et vint nous supplier de nous rendre. Je me trouvai à portée de lui répondre au nom de mes amis. Je lui représentai que les lois qui nous attendaient, nous étaient connues, et que nous ne pouvions pas nous rendre sans conditions. M. de Chièvres s'entremit avec la plus grande chaleur pour nous faire obtenir une capitulation, quoique de semblables conventions n'aient jamais lieu en rase campagne. J'ai su depuis, de la bouche même du général Damas, que nous devions beaucoup aux intercessions de M. de Chièvres.

« Les pénibles négociations dont M. de Chièvres s'était chargé, avec un empressement si généreux, durèrent long-temps. M. de Chièvres alla et revint plusieurs fois du quartier-général à la position que nos débris occupaient. Enfin, nous le vîmes reparaître suivi d'un grand nombre d'officiers, qui nous annoncèrent avec la joie la plus vive que nos conditions étaient acceptées, et ces conditions étaient d'avoir la vie sauve, de conserver nos épées, les insignes qui distinguaient notre uniforme, et d'obtenir des passeports pour nous rendre à la destination que nous choisirions.

« Le gouvernement français ne crut pas devoir ratifier la capitulation, bien que le général Damas eût eu plein pouvoir de l'accorder. Moi-même, à mon retour en France, je fus arrêté et condamné à mort par deux conseils de guerre ; mais ces condamnations ayant été cassées pour vice de formes, je fus acquitté à Toulouse par un troisième conseil de guerre, sur la simple preuve de l'existence de cette capitulation que M. de Chièvres avait tant contribué à nous faire obtenir.

« Je suis bien loin de prétendre que personne doive ici de la reconnaissance à M. de Chièvres pour le service personnel qu'il m'a rendu dans cette circonstance, mais je pourrais citer une douzaine d'officiers de tout grade, depuis celui de sous-lieutenant jusqu'à celui de chef de bataillon, qui ont profité comme moi de la capitulation de Figuères, et qui, depuis la révolution, ont repris du service. Les uns servent à Alger, les autres devant Anvers ou dans la Vendée, et ont pu contribuer même à y étouffer l'insurrection.

« Je ne m'étendrai pas plus sur le compte de M. de Chièvres. Il était de mon devoir d'attester ici que je l'ai connu modéré, humain, généreux, quand son parti avait la force, et que le drapeau tricolore était traité en rebelle.

« M. de Chièvres ne me saura pas, j'espère, mauvais gré de dire qu'il était fort dévoué au gouvernement de ce temps-là, qu'il était du parti du gouvernement. Ses sentimens politiques furent trop honorés à mes yeux par sa conduite dans la circonstance dont j'ai parlé, pour que je n'estime pas aujourd'hui sa persévérance dans les mêmes sentimens. Mais je répète que des opinions qui s'alliaient alors à une générosité si française, n'ont pas pu conduire aux actes violens qu'on impute aujourd'hui à M. de Chièvres. »

Un officier dans l'auditoire : *Bravo !*

M° Hennequin. — Quel homme d'honneur ! (On entend partout à voix basse : bravo ! bravo !) Le respect dû à la justice a peine à contenir la satisfaction que cause cette déclaration. Nous pouvons dire que l'impression générale qu'elle cause est aussi honorable pour M. Carrel que pour l'accusé.

M. de Chièvres avec émotion : « Je prie M. Carrel de me permettre de lui témoigner ici toute ma reconnaissance. » (*Cour d'Assises d'Eure-et-Loir*, 24 *décembre* 1832.)

Je n'ai l'honneur de connaître ni M. de Chièvres, ni M. Carrel, mais le tableau de ces deux hommes généreux, dont l'un, animé encore par toute la chaleur d'un combat de deux jours, oublie des ennemis acharnés pour ne voir en eux que des Français, qu'il presse, qu'il conjure d'accepter la vie, et l'autre, qui, après dix ans, après une révolution qui a ressuscité des couleurs qui lui sont chères, vient tendre la main à son adversaire politique, pour l'aider à franchir les marches de sa prison ; ce tableau, beau comme l'antique, ne saurait passer inaperçu. Quelques esprits inquiets désespèrent de l'avenir de la France ! La France est étayée sur de hautes vertus, sur de nobles caractères : elle n'est pas prête à périr !

Note 4, Page 274.

Il paraît que Sagonte ne s'élevait que jusqu'à mi-côte, et s'étendait surtout dans la plaine vers la mer, bien au-delà de l'enceinte actuelle de Murviédro, puisque Tite-Live dit qu'elle n'en était qu'à mille pas, et qu'il y a une grande lieue de la mer à Murviédro ; aussi n'a-t-on trouvé des traces du séjour des Carthaginois et des Romains, qu'à commencer au pied de la montagne où sont les forteresses maures.

Murviédro est encore semé de pierres qui portent des inscriptions phéniciennes ou latines ; celles-ci surtout y abondent : on les trouve enchâssées dans quelques unes des murailles de ses rues. Cinq surtout très bien conservées, le sont dans celles d'une église. Si l'on en rencontre quelques unes sur le penchant de la montagne ou même plus haut, il paraît qu'elles y ont été transportées par les Maures, comme toute autre pierre à bâtir. C'est ainsi que dans une des murailles de leurs anciennes forteresses, on trouve une statue antique de marbre blanc, à laquelle il manque la tête, et quelques pierres chargées d'inscriptions mais posées à l'envers.

Les monumens dont Murviédro conserve encore les débris, datent de l'époque où les Romains, après la valeureuse défense des Sagontins et la destruction de leur ville, la rebâtirent et en firent une de leurs *municipia*, une des villes les plus brillantes qu'ils eussent hors d'Italie. Elle avait, entre autres, un temple de Bacchus dont on aperçoit quelques restes à gauche, près de l'entrée de Murviédro. Son pavé, en mosaïque, que l'incurie laissait dépérir sur le lieu même, a été recueilli et transporté dans la bibliothéque de l'archevêque. On découvre encore les fondemens de l'ancien Cirque de Sagonte, sur lesquels posent présentement les murs qui servent d'enceinte à une longue suite de vergers. Ce Cirque, comme il est facile de s'en apercevoir, allait aboutir à une petite rivière dont il ne reste plus que le lit, et qui servait de corde à l'arc formé par le Cirque. Sans doute lorsque les Sagontins donnaient ces spectacles connus sous le nom de *Naumachie*, ce lit était rempli aux dépens des canaux voisins qui existent encore.

Mais de tout ce qui reste de l'ancienne Sagonte, rien n'est si bien conservé que son théâtre. On y retrouve très distinctement les divers gradins qu'occupaient tous les spectateurs, chacun suivant son état ; d'abord au degré le plus bas, à la place qu'occupe l'orchestre dans nos théâtres, viennent les gradins des magistrats, puis ceux de l'ordre équestre, puis ceux du peuple. On voit encore les deux portes par lesquelles entraient les magistrats : deux autres qui étaient exclusivement réservées à l'ordre équestre, et presqu'à la sommité de cet amphithéâtre, qui continue sans interruption du bas en haut, on reconnaît encore les deux galeries par lesquelles s'écoulaient les flots du peuple, et que les anciens, pour cette raison, nommaient *Vomitoria.* Enfin, on retrouve en leur entier ces gradins les plus élevés qui étaient destinés pour les licteurs et les courtisanes. La crête, semi-circulaire de tout l'édifice, est aussi parfaitement conservée; on retrouve même en dehors les pierres saillantes où étaient enfoncés les pieux sur lesquels portait la toile horizontale qu'on déployait pour mettre toute l'assemblée à l'abri du soleil ou de la pluie; car les anciens, dans leurs spectacles, prévoyaient tout, pourvoyaient à tout. Tout le monde y était assis et pouvait y être à l'abri des injures de l'air. Toutes les mesures étaient prises pour prévenir le désordre. Dans un endroit, qu'on reconnaît encore, était la place des juges.

...... Au-delà de l'amphithéâtre, dont plusieurs gradins vers le centre étaient sensiblement détériorés, on retrouvait à peine des vestiges du lieu qu'occupaient les acteurs. Il n'offrait plus que quelques arbres et des masures : le bord de l'ancienne scène avait été converti en une allée de mûriers, où des cordiers avaient établi leur atelier ambulant. On ne prenait aucun soin pour conserver ce monument précieux. Un concierge y avait son habitation, qu'il étendait ou changeait au gré de ses convenances. Quelques familles de pauvres artisans y construisaient des masures auxquelles les Romains avaient préparé , il y avait près de vingt siècles , des murs et un plafond ; jamais le temps n'avait été mieux secondé , devancé dans ses ravages. Caylus et Winkelmann eussent versé des larmes à l'aspect de ces sacriléges.

(*Tableau de l'Espagne moderne*, tome III.)

Note 5 , Page 279.

Le premier de nos poètes s'exprime ainsi sur cet illustre maréchal. M. de Lamartine a dit :

. . . .

Et celui qui soutient de son bras triomphant
Les pas tremblans encor de ce royal enfant,
Et qui d'un œil de père, en regardant son maître,
Semble dire en son cœur : C'est moi qui l'ai vu naître ;
Quel est-il ?

LE ROI.

Un soldat : le nom d'Albuféra
Illustre encor celui que l'Espagne pleura,
Quand brisant dans Madrid le joug de la victoire,
Pour unique dépouille il rapporta sa gloire !
Sauveur du beau pays qu'il avait combattu,
Il a ravi son nom..... mais c'est par sa vertu !

(LAMARTINE, *chant du Sacre*.)

FIN DES NOTES.

TABLE

DES CHAPITRES.

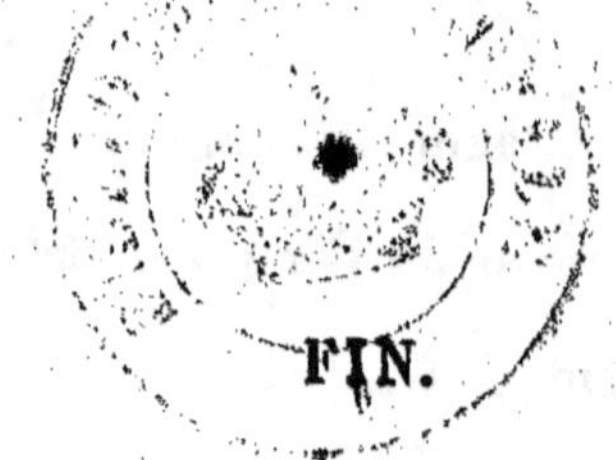

FIN.